天生敏感

（美）伊莱恩·阿伦（Elaine N. Aron） 著
于娟娟 译

The Highly Sensitive Person

How to Thrive When the World Overwhelms You

华夏出版社
HUAXIA PUBLISHING HOUSE

图书在版编目（CIP）数据

天生敏感/(美)伊莱恩·阿伦（Elaine N. Aron）著；于娟娟译. ——北京：华夏出版社有限公司，2022.8（2025.7重印）

书名原文：The Highly Sensitive Person: How to Thrive When the World Overwhelms You

ISBN 978-7-5222-0306-5

Ⅰ.①天… Ⅱ.①伊… ②于… Ⅲ.①心理学-通俗读物 Ⅳ.①B84-49

中国版本图书馆 CIP 数据核字(2022)第 075847 号

THH HIGHLY SENSITIVE PFRSON：HOW TO THEIVE WHEN THE WORLD OVERWHELMS YOU
by Elaine N. Aron
Copyright © 1996, 1998 by Elaine N. Aron
This edition arranged with KENSINGTON PUBLISHING CORP
through Big Apple Agency, Inc., Labuan, Malaysia.
Simplified Chinese edition copyright © 2022 Huaxia Publishing House Co., Ltd.
ALL RIGHTS RESERVED.
版权所有，翻印必究。

北京市版权局著作权合同登记号：图字 01-2012-8352 号

天生敏感

作　　者	[美]伊莱恩·阿伦
译　　者	于娟娟
责任编辑	朱　悦　马涛红
责任印制	刘　洋

出版发行	华夏出版社有限公司
经　　销	新华书店
印　　装	三河市少明印务有限公司
版　　次	2022 年 8 月北京第 1 版　2025 年 7 月北京第 5 次印刷
开　　本	710×1000　1/16 开
印　　张	16.25
字　　数	210 千字
定　　价	49.80 元

华夏出版社有限公司 　地址：北京市东直门外香河园北里 4 号　邮编：100028
　　　　　　　　　　　　网址：www.hxph.com.cn　　电话：（010）64663331（转）
若发现本版图书有印装质量问题，请与我社营销中心联系调换。

我信仰贵族主义——如果没有别的合适的词可选，而作为民主主义者也允许使用像贵族主义这种词的话。当然不是指权势的贵族……而是那些敏感的、体贴的人们……其成员普遍存在于各民族、各阶级、各时代。他们彼此相遇时，会有一种心照不宣的相互理解。他们代表着真正的人类传统，代表人这一奇异的物种战胜残暴和乱世取得的永久胜利。成千上万这样的人默默无闻终老一生，只有少数人留名于世。这些人对待他人的事情像对待自己的事情一样敏感，他们体贴他人但不是无事烦扰，他们有勇气但不好勇斗狠，而是坚韧不拔……

——E. M. 福斯特《我的信念》
摘自《为民主的两个干杯》

致 谢
Acknowledgments

天 / 生 / 敏 / 感

  我尤其希望感谢所有接受访谈的高度敏感者。你们是最早主动站出来的人,愿意谈论在很长一段时间内完全属于个人隐私的事情,你们改变了自己,不再是一个个孤独的人,而是一个受尊敬的群体。同样感谢前来参加讲座、咨询或接受心理治疗的人。这本书中的每一个字都反映了你们所有人为我带来的启发。

  衷心感谢我的很多学生、研究助手——有太多的人需要感谢——同样感谢我的代理人芭芭拉·考茨,我在卡罗尔出版集团的编辑布鲁斯·肖斯塔克,多亏了他们的努力,这本书才终于面世。芭芭拉找到了一家有眼光的出版商,布鲁斯使稿件最终成型,帮助我把一切控制在最合适的范围内,同时也让我能够自由发挥。

  我几乎找不到合适的话语来感谢我的丈夫阿特。我想说,你是我的朋友、同事、支持者、爱人——谢谢你,致以我全心全意的爱。

目 录
CONTENTS

天 / 生 / 敏 / 感

序 言 | 1
阅读指南 | 9
自我测试：你是高度敏感者吗？ | 10

第 1 章　敏感特质令你与众不同 | 1

敏感的身体、敏感的心灵，带给你敏锐的直觉、洞察力、创造力、热情，更带给你灵性。

克里斯汀的误解 / 2　　　　"别紧张，你只是生性敏感" / 3
克里斯汀危险的一年 / 4　　高度敏感的两点事实 / 5
天资的两面性 / 6　　　　　压垮骆驼的最后一根稻草 / 8
激动，并非恐惧 / 9　　　　敏感特质令你与众不同 / 10
"我的敏感特质是遗传的吗？" / 12　　你属于理想性格的人吗？ / 14
心理学上的偏见 / 16　　　你是参谋还是勇士？ / 17
查尔斯的故事 / 18　　　　自豪的理由 / 20

第2章　深入探索敏感特质 | 23

一种天生的特质。敏感切实存在，无须烦恼。

罗布和丽贝卡 / 24　　不同的睡眠状况 / 25　　同一天晚上，不同的故事 / 25

为敏感的罗布画像 / 27　　一种天生的特质 / 28　　大脑的两个系统 / 30

成长经历影响敏感 / 31　　皮质醇与睡眠 / 33　　深层心理 / 35

敏感切实存在，无须烦恼 / 37

第3章　请呵护你的身体自我 | 39

照料自己。倾听自己。为敏感创造一个安全的港湾。

身体与婴儿 / 40　　你和你的照料者 / 41　　安全感与高度敏感的身体 / 42

参与过度与封闭过度 / 45　　封闭过度 / 47　　参与过度 / 48

保持平衡 / 50　　各种类型的休息 / 51　　防止过度激动的对策 / 54

生命的港湾 / 58　　界限 / 59　　听，婴儿/身体自我在倾诉 / 60

第4章　重塑过去，学会做自己的父母 | 65

积累点滴信心和希望来代替沮丧，任何时候都不嫌晚。

玛莎：一个聪明的小姑娘 / 67　　与大"野兽"们一起长大 / 68

鸡笼里的小仙女 / 69　　安全感的保护 / 70　　你真的喜欢这样吗？/ 72

童年幸福的高度敏感者 / 73　　外部世界中的新恐惧 / 74

敏感的小男孩和小女孩 / 75　　学会做自己的父母 / 78　　前进还是退缩 / 79

慢慢来 / 80　　你的学校生涯 / 81　　男生，女生 / 83　　天才的特权 / 83

为"天才"的自己做父母 / 84　　高度敏感的青春期 / 85　　长大成人 / 87

第5章　生性敏感者如何学会更多社交技巧 | 91

保持自己的特点。你有自己的优势。

你一直是个羞怯的人吗？/ 92　　从自我概念中删除"羞怯"/ 93

自称羞怯会最终成真 / 94　　"社交不适症"只是暂时的 / 96

社交场合处理过激状态 5 法 / 97　　敏感性的内向与外向 / 99
世界需要各种类型的人 / 101　　内敛的交友方式也不错 / 102
人格面具和得体举止 / 104　　学会更多社交技巧 / 105
宝拉的故事 / 107　　社交困境中的救场办法 / 109
我学肚皮舞的经历 / 112

第 6 章　跟随天分应对职业 | 119

只要找到适合自己的方式，几乎没有什么事情是你做不到的。

高度敏感者的职业 / 120　　去做令你受到召唤的工作 / 121
培养决断力和自信 / 123　　把热爱的职业变成赚钱的工作 / 125
以艺术为职业 / 127　　以助人为职业 / 129
不要累垮自己：教师格雷格的经验 / 130　　商界中的高度敏感者 / 131
天才的高度敏感者应对工作关系 / 131　　说服别人欣赏自己的敏感特质 / 134
学习与培训 / 135　　争取舒适的工作环境 / 136
以不一样的方式争取晋升 / 136　　贝特的职场风云 / 138
可以避免的和无法避免的遗憾 / 140

第 7 章　高度敏感者的亲密关系 | 143

爱，因敏感而丰富：浓烈、柔软、神圣、细腻、思索、宽容、勇气……

暴风骤雨式的爱情 / 146　　爱上一个幻象 / 148
不知所措的爱和缺乏安全感的关系 / 149　　相爱的两个要素 / 152
高度敏感者更容易堕入情网 / 152　　友情，胜似爱情 / 154
进退不决的恋爱舞步 / 155　　高度敏感者之间的亲密关系 / 156
如果对方不是高度敏感者 / 157　　满足自己的独处需要 / 160
坦诚沟通的勇气 / 162　　冲突时暂停一下 / 163
反馈式倾听 / 164　　在亲密关系中找到自己 / 167
高度敏感者和养育孩子 / 169　　敏感性使你的亲密关系丰富多彩 / 170

第 8 章　独特的疗愈过程 | 173

最艰巨的任务并不是回避外在世界,而是走出内心。学习带着自己的敏感性生活下去。

怀念德雷克 / 174　　创伤并非不可逾越的深渊 / 175　　丹努力活下来了 / 176
对自己抱有极大的耐心 / 179　　四种疗愈方法 / 180
我最推荐的心理疗法 / 186　　关于心理疗法的几点观察 / 186

第 9 章　心灵与精神：真正的财富 | 191

听从心灵的呼唤,在不完美中追求完整。

高度敏感者的四个明显迹象 / 192　　创造神圣的空间 / 195
探索心灵与精神文化 / 196　　寻觅生命意义,激励他人 / 198
引领追求完整的过程 / 200　　高度敏感者的价值 / 204

第 10 章　寻求专业帮助 | 207

独特的身心,需要独特的关照。

敏感特质对医疗方式的影响 / 208　　是否要服药？/ 211
抗抑郁药怎样作用 / 213　　血清素与高度敏感者 / 215
你希望服用 SSRI 类药物改变敏感特质吗？/ 216
如果你准备服药（或已经服药）/ 217

给支持者的建议 | 220
作者补记：高度敏感者研究的科学背景 | 223

序 言

天 / 生 / 敏 / 感

"爱哭鬼!"

"胆小鬼!"

"别那么扫兴!"

过去这些声音是否至今仍在耳边回响?也有善意的忠告:"为了你自己好,别太敏感了。"

如果你也像我一样,总是听到别人这样说,你会觉得自己肯定有什么地方和大家不一样。我曾经确信自己身上存在着某种致命的缺陷,一定得好好隐藏起来,否则就会对我的生活产生很坏的影响。

其实,你和我都完全正常。如果你在本书"自我测试"中,有14个以上的问题回答了"是",如果你完全符合本书第1章中的细节描述(这是最准确的方法),那么,你就是一种很特殊的人,你属于"高度敏感者"。这本书就是为你而写的。

拥有比较敏感的神经系统,这是很正常的,从根本上来说,属于一种中性特质,没有好坏之分。这意味着你能敏锐地察觉到周围环境中的各种细节,在许多情况下,这将是你的一大优势。但是这也意味着,如果你在高度刺激的环境中待了太长时间,你很容易变得心烦意乱,视觉和听觉上的冲击纷至沓来,令你的神经系统应接不暇、疲惫不堪。因此,敏感既是优点也是缺点。

然而,在我们的社会文化中,敏感并不是一种受欢迎的特质,这样的现实很可能已经对你产生了负面影响。父母和老师会出于好心，想要帮助你"克服"敏感。其他孩子也不是都能体谅你。长大后，你很可能比别人更难找到适合自己的工作，更难建立起良好的人际关系，往往也更难确定自我价值，更难拥有自信。

致敏感的你

本书针对敏感特质的内容在其他任何地方都是找不到的。它会帮助你了解，当神经系统受到过度刺激、陷入过激状态时要如何应对，敏感这一特质对你的个人经历、事业、人际关系和内心世界会产生怎样的影响。你也许还没有意识到自身优势，也不理解自己面临的问题，如害羞、难以找到合适的工作等。

这本书将是一条漫长的发现之旅。它帮助过许多高度敏感者，其中大多数人告诉我，这些内容使他们的生活发生了很大的变化——他们也告诉我，一定要把这一点告诉你。

致一般敏感者

如果你翻开这本书，是因为你的孩子、配偶或朋友属于高度敏感者，尤其欢迎你阅读这本书，你和他们之间的关系将获得明显改善。

针对随机选择的300名调查对象（包含各个年龄段）的调查结果显示，20%的人属于极度敏感或非常敏感，22%的人属于一般敏感。不管你属于哪一种类型，都同样能从本书中获益。

42%的人声称自己完全不敏感，这正好说明为什么高度敏感者会感到自己与世界上很大一部分人不合拍。正是这部分人总是大放音响、乱摁汽车喇叭。

可以说每个人都有高度敏感的时候——比如，如果有人独自在山洞里待了一个月，肯定会变得非常敏感。随着年龄逐渐增长，每个人也会变得越来越敏感。其实，很可能大多数人都会在特定情况下显示出高度敏感的一面，无论他们是否愿意承认。

致非高度敏感者

非高度敏感者会说："你的意思是说我不敏感？"因为"敏感"同时也有观察力强、善解人意的意思。高度敏感者和非高度敏感者都可能具有这些特点。当我们感觉良好时，对细节非常敏锐，能充分利用自身这种优势；当我们心情十分平静时，能够体会到种种细微差异，也许甚至能从中感受到乐趣。然而，当我们受到过度刺激时（高度敏感者经常会遇到这种情况），我们就一点也不善解人意，一点也不敏感了。相反，我们会变得心烦意乱、疲惫不堪，只想独自一人待着。与此形成对比的是，在非常混乱的情况中，非高度敏感者反而更加善解人意。

应该用怎样的术语来描述这种敏感特质呢？我不想重复前人的错误，把这种特质混淆为内向、害羞、拘谨，以及心理学家为此贴上的其他错误标签。其实"敏感"这个术语表达了一个中性的事实：对于刺激的感受更加强烈。

有些人认为，"高度敏感"并不是什么好事。针对敏感性的问题，存在着极为强大的群体心理学能量——几乎与性别问题一样明显，敏感性恰恰经常与性别问题混为一谈。（天生敏感的男性并不比女性少，但人们一般认为敏感是女性的特点。男性和女性都为此付出了高昂的代价。）你得做好心理准备，保护好你的敏感性。

我们会很高兴地知道，世界上还有很多和我们情况类似的人。以前我们从未彼此接触。但现在，我们已经开始了解彼此，无论是我们自己还是我们所处的社会，都将从中获益。

高度敏感者该怎么办

高度敏感者能够从以下"四步法"中获益。

1. 了解自我。你需要深入彻底地了解，身为高度敏感者意味着什么。也要了解敏感性与你的其他性格特征是怎样融合的，社会上的负面态度又会对你产生怎样的影响。你还必须了解自己敏感的身体。不要因为身体经常跟你闹别扭，或者过于虚弱，就忽视自己的身体。

2. 重塑过去。认识了高度敏感者的世界，你必须积极地重新看待过去大部分经历。你过去的很多"失败"是不可避免的，因为无论你自己，还是你的父母、老师、朋友和同事，当时都并不了解你。重新看待过去的经历，能够帮助你树立自尊，而自尊对高度敏感者来说尤其重要，能够减轻我们在新的环境中（也就是高度刺激的环境中）产生的过激状态。

重塑过去不是自然而然就能实现的。因此，我在每一章结尾处加上了相关方面的"实际应用"。

3. 疗愈自我。你必须治愈深层的创伤。你小时候已经很敏感，家庭问题、学校问题、儿时患病，诸如此类的事情对你产生的影响都要比其他人更强烈。而且，你和别的孩子很不一样，你肯定因此备受困扰。

高度敏感者很可能会退缩，不愿在内心世界揭伤口，因为感觉上这肯定会激发强烈的情感。小心翼翼和踌躇不前都是可以理解的，但是，如果你一直拖延下去，那就只是自我欺骗。

4. 面对外部世界。走进外部世界时，告诉自己那没关系，同时了解什么时候可以稍微远离一下。你有能力也有必要走进外部世界。你需要参与外部世界，这个世界也需要你。但你一定得注意，要避免过度参与，也要避免过于退缩。本书会告诉你怎样恰当地参与社会。

我也会帮助你了解，你的敏感特质会怎样影响你与亲朋好友的关系。探讨心理治疗和高度敏感者之间的关系——哪些高度敏感者应该接受治疗，为什么需要治疗，接受哪种治疗，由什么样的人进行治疗，尤其是，怎样因人而异进行治疗。然后，我们将讨论高度敏感者与医药的关系，包括很多药物知识，如高度敏感者经常服用的抗抑郁药物百忧解。在本书最后，我们将一起悉心体会我们丰富多彩的内心世界。

我的故事

我是一名心理学研究者、大学教授、心理医生和作家。但最重要的是，我和你一样，是一名高度敏感者。对于我们这种共同的特质，以及随之而来的优势和困难，我有着切身的体会。

我还是个孩子的时候，在家里会远远躲开混乱喧闹的地方，在学校里则会躲开体育活动、游戏，也躲开其他孩子。等我如愿以偿，被人们完全忽视的时候，我既感到如释重负，又感到委屈自卑。

初中时，有个外向开朗的女孩自愿充当我的保护神。这段友谊一直持续到高中。到了大学，日子就变得很不好过。我在加利福尼亚大学的学业一直断断续续的，这期间还早早结了婚，度过短暂的4

年婚姻生活，不过我最后终于毕业了，还加入了优等生荣誉学会。但我还时常会躲在洗手间里哭泣，觉得自己快要疯了（我在后来的研究中发现，这是高度敏感者的典型表现）。

我第一次攻读研究生时，学校为我提供了一间办公室，我经常躲在里面哭，努力恢复冷静。正因为这些反应，我在获得硕士学位后决定不再继续读下去，虽然人们强烈建议我接着攻读博士学位。

23岁时，我遇到了现在的丈夫，安顿下来，我每天写作、育儿，过上了安全无虞的生活。我不用再"走进外部世界"，对此既感到高兴，也有些惭愧。我隐约觉得自己失去了学习的机会，失去了进一步发挥我的能力的机会，失去了熟悉各种各样不同人的机会。但过去的痛苦经历，令我觉得别无选择。

然而，我终究还是免不了陷入过激状态。我只好接受医药治疗，原本以为几星期之内就能康复，可是几个月过去了，我仍然不断出现各种身体反应和情绪反应。我不得不再次面对自己身上这种神秘的"致命缺陷"。于是，我尝试了一些心理疗法，而且这次运气不错。心理医生倾听我的诉说后，告诉我："你会感到心烦意乱是理所当然的，你是个非常非常敏感的人。"

这是什么意思？为我提供一个借口吗？医生说，她还没有深入研究过这个问题，但是根据她的经验，不同的人承受刺激的能力区别很大，体会更深层次感受（无论是好是坏）的能力也各不相同。她觉得这种敏感性并不是精神缺陷或精神障碍的迹象。正是因为这种特质，我过着与世隔绝的生活。

我花了几年时间进行治疗，所有的努力都没有白费，我克服了从小时候开始就一直碰到的各种问题。原本别人愿意保护我，因为他们能够从我的想象力、理解力、创造力和洞察力中获得回报，但我自己却很难欣赏自己，觉得自己好像存在某种缺陷。等到我终于了解了敏感特质之后，我重新走进了这个世界。现在，我很高兴能成为社会中的一分子,作为专业人士,利用敏感性这种特殊的天赋帮助别人。

我的高度敏感者研究

敏感特质使我的生活发生了很大变化,于是我决定多了解一下这方面,然而我几乎找不到可供阅读的相关内容。我想,与之最接近的也许是内向的问题。精神病学家卡尔·荣格就此主题写过一本非常出色的著作。荣格自己也是一名高度敏感者,他的著作令我获益匪浅。但我发现,关于内向的著作,主要针对的是不善社交的内向性格者,正是这一点使我开始思考,我们是否错误地把内向和敏感画了等号。

当时我正在大学任教,由于手头几乎没有这方面的资料,我决定在主要以教职员为读者的校报上登一条启事,寻找那些对刺激非常敏感、性格内向、很容易情绪化的人,希望和他们谈谈。很快就有多得出乎意料的志愿者来找我。

后来,当地报纸报道了我的研究项目。虽然文章中并未提到我的联系方式,但还是有一百多人打电话或写信给我,表达谢意、寻求帮助,或者只是想说:"我也是一名高度敏感者。"两年后,仍然不断有人联系我,这也许是因为高度敏感者有时需要反复思考一段时间,才会采取行动!

我与40个人分别进行了2~3小时的当面访谈,以此为基础,我设计了一份调查表,分发给美国北部几千人进行调查。同时随机选择300人进行了电话调查。以上主要是想说明,本书全部内容都是以可靠的研究为基础,包括我本人或其他人所做的研究。我所写下的文字都源于我对高度敏感者的反复观察,源于我与高度敏感者一起进行的课程、谈话、个人咨询以及心理治疗。

  我所做的这些研究、写作和教学工作,某种意义上,使我成为这一领域的开拓者。这也正是高度敏感者经常承担的角色。我们往往是最早看到需要做什么事情的人。随着我们进一步认识自身优势,自信心不断增强,也许越来越多的高度敏感者会大胆提出自己的观点——以我们特有的敏感方式。

阅读指南

天 / 生 / 敏 / 感

1. 这本书主要为高度敏感者、希望了解高度敏感者的人们，包括高度敏感者的亲属、配偶、朋友、指导教师、雇主、教育家、健康专业人员而写的。

2. 很多人都拥有敏感特质，这本书给你贴上了一个标签。这样做的好处是，你终于明白自己很正常，并可以从其他人的经验和探索中获益。但这个标签无法体现出你的独特性，因为每个高度敏感者的性格是完全不同的。

3. 你在阅读这本书的过程中，很可能会从高度敏感的角度来看待自己生活中的一切。这正是本书的目的。它让你用一种全新的方式来看待自己和他人。

4. 本书列出了一些对高度敏感者非常有效的做法。请相信你的直觉，按照自己感觉最好的方式去做。

5. 书中列出的任何一种做法，都可能触发强烈的感情。如果发生这种情况，我建议你一定要寻求专业人士的帮助。如果你目前正在接受心理治疗，这本书将有益于你的治疗。书中的理念能够帮助你看到全新的理想自我，这也许能缩短治疗所需的时间。这个理想的自我不是从社会角度来看，而是从你自己的角度来看——你可以成为什么样的人，也许你已经是这样的人了。但是请记住，如果情况变得严重或非常混乱，本书不能代替心理医生。

自我测试

你是高度敏感者吗？

根据你的感觉回答下列问题。如果比较符合你的感觉，回答"是"，如果不是非常符合，或者完全不符合，就回答"否"。

- ☐ 是 ☐ 否 1. 我很注意周围环境中的细节。
- ☐ 是 ☐ 否 2. 别人的情绪很容易影响我。
- ☐ 是 ☐ 否 3. 我对于疼痛非常敏感。
- ☐ 是 ☐ 否 4. 一忙起来我就想躲开人群，躲回床上去，躲进黑暗的房间里，或者躲到任何我能够保留隐私、缓解刺激的地方。
- ☐ 是 ☐ 否 5. 我对咖啡因很敏感。
- ☐ 是 ☐ 否 6. 刺眼的灯光、浓烈的气味、粗糙的面料、近在耳边的警报声，这些东西很容易令我崩溃。
- ☐ 是 ☐ 否 7. 我的内心世界丰富多彩、相当复杂。
- ☐ 是 ☐ 否 8. 刺耳的噪声会令我感觉不舒服。
- ☐ 是 ☐ 否 9. 音乐或美术作品会深深地打动我。
- ☐ 是 ☐ 否 10. 我是个认真负责的人。
- ☐ 是 ☐ 否 11. 我很容易受到惊吓。
- ☐ 是 ☐ 否 12. 如果我需要在短时间内完成很多事情，我会感到惊慌失措。
- ☐ 是 ☐ 否 13. 如果周围的环境令人感到不舒服，我很清楚怎样能使环境更舒适（如改变灯光或者座位）。
- ☐ 是 ☐ 否 14. 如果人们一下子要求我做很多事情，我会很烦躁。

□是　□否　15. 我竭力避免犯错或忘事。
□是　□否　16. 我不看有暴力内容的影视节目。
□是　□否　17. 如果身边有太多的事情正在发生，我会心烦意乱。
□是　□否　18. 饥饿会对我产生明显影响，无法集中注意力，情绪也变得相当不稳定。
□是　□否　19. 生活中的变动会令我忐忑不安。
□是　□否　20. 我会注意到并尽情欣赏精致优雅的香味、味道、声音及艺术品。
□是　□否　21. 事先安排好我的生活是至关重要的，这样才能避开令人不知所措的混乱状况。
□是　□否　22. 如果我做事时必须和别人竞争，或者受到别人的关注，我就会心情紧张、发挥不稳定，表现比平时差得多。
□是　□否　23. 小时候，父母、老师似乎都觉得我敏感、害羞。

给自己打分

　　如果你有12题或更多回答了"是"，你很可能属于高度敏感者。

　　但任何心理测试都不可能100%准确，因此不要把你的生活全押在这上面。如果只有一两个问题你回答"是"，但你觉得这几条极其符合你的情况，那么你也可以把自己归类为高度敏感者。

　　如果你在第1章针对高度敏感者的详细描述中看到了自己的影子，那就把自己视为高度敏感者吧。这本书将帮助你更好地了解自己，学会在如今这个不怎么敏感的世界中生存和发展。

第1章
敏感特质令你与众不同

敏感的身体、敏感的心灵,带给你敏锐的直觉、洞察力、创造力、热情,更带给你灵性。

/// 克里斯汀的误解

克里斯汀是我的调研对象。她是个眼神清澈、充满智慧的大学生。但我们的访谈刚开始没多久,她的声音就开始颤抖。

"很抱歉,"她低声说,"我报名参加访谈,就是为了见您,因为您是一位心理学家——"她连音调都变了,"我是不是疯了?"她心里显然充满了绝望,但从她到目前为止所说的话中,我看不出任何精神疾病的迹象——我已经见过不少这样的人。

她随即再次开口:"我觉得我跟别人不一样。我的童年几乎可以说是无忧无虑的,至少在不得不去上学之前是很快乐的。

"但是在幼儿园里,我害怕所有的一切。上音乐课时,他们在锣鼓上敲敲打打,发出叮叮咚咚的声音,我就会用手捂住耳朵,哭起来。

"在小学里,虽然我一直是老师们的宠儿,但他们也说我有点'怪怪的'。"

克里斯汀的"古怪",使她不得不接受身心两方面的测试,一大堆烦人的检查。首先是智商测试,结果,她非但不存在智力障碍,反而被招入了天才儿童学习班。

但她的表现仍然令人们觉得"这孩子有点不正常"。于是她又接受了听力测试,结果一切正常。四年级时,她又接受了大脑扫描,因为有人认为根本原因是轻微的癫痫发作。但她的大脑完全正常。

最终的诊断结果称,她的问题是"无法屏蔽外界刺激"。但所有这一切,已经使这个孩子相信自己是有缺陷的。

/// "别紧张,你只是生性敏感"

实际上,克里斯汀是一个高度敏感者。

对她的这个诊断本身没有什么错。高度敏感者会注意到其他人都不会察觉到的一切细微之处。别人习以为常的事物,比如刺耳的音乐或拥挤的人群,对于高度敏感者来说,却会带来强烈刺激,令他们感到紧张。

大多数人都能够无视警报声、耀眼的灯光、奇怪的味道、嘈杂混乱的环境。然而这一切都会为高度敏感者带来困扰。

大多数人在商场或博物馆里逛了一天后,也许都会觉得腿软,但如果有人建议晚上一起聚会,他们还是能打起精神的。可是对于高度敏感者来说,这样的一天之后,他们需要独处的时间。他们已经心烦意乱、焦躁无比。

大多数人走进房间,也许会注意到里面的人、里面的家具,仅此而已。而高度敏感者却会立即感觉到,房间里的气氛如何,是友好还是充满敌意;室内空气是新鲜还是污浊,甚至会注意到摆放鲜花的人具有怎样的个性,无论他们是否真的希望感觉到这么多的东西。

如果你是个高度敏感者,人们很难意识到你具有某些特别的才能。你往往只会注意到自己的容忍能力比别人差,却不知道自己属于一个特殊的群体。这个群体中的人常常表现出非凡的创造力、洞察力、热情和爱心，所有这些都是整个社会高度赞赏的品质。

但是，每个人都是一个整体。敏感特质意味着我们是谨慎的、内向的，需要更多独处的时间。不具备这种特质的人（也就是大多数人），无法理解我们，只会认为我们怯懦、害羞、软弱、不合群（这是最重的罪名）。因为害怕被贴上这些标签，所以我们尽量表现得和其他人一样。但这样做只会使我们变得焦躁不安、痛苦不堪。于是我们又会被别人贴上异类、有毛病、神经过敏，甚至神经病或疯子的标签，到了后来连自己也相信了这些标签。

/// 克里斯汀危险的一年

每个人迟早都会经历充满压力的紧张生活，而高度敏感者对这种刺激的反应尤为强烈。如果你把这种反应视为一种基本缺陷，就会使生活危机带来的压力更加严重。随之而来的将是绝望无助的感觉，仿佛自己一无是处。

以克里斯汀为例，她进入大学的第一年就遇到了这种危机。克里斯汀之前就读于一家低调朴实的私立高中，从未离开过家乡。现在她突然要和一群陌生人一起生活，被埋在一大堆课程和书本中，而且总是受到过度刺激。

她恋爱了，一见钟情，深深坠入情网（高度敏感者的典型特征）。不久之后，她到日本去见男朋友的家人，这本来就已经够让她害怕的了。在日本，用她的话来说，她都快"失去理智"了。

克里斯汀从来不觉得自己是个焦虑不安的人，但在日本期间，她突然被恐惧压垮了，开始失眠，整个人变得十分忧郁。克里斯汀自己也被自己的情绪吓到了，自信心直线下降。她年轻的男友不知道怎么面对她这种"发疯"的状态，想和她分手。克里斯汀回到学校后，又开始担心学业也会失败。她已处于崩溃的边缘。

我告诉她，她的敏感性与她面对的压力相结合，能够很好地解释她目前的精神状况。

/// 高度敏感的两点事实

第1点：无论是否属于高度敏感者，每个人都是在既不无聊也不过激的时候感觉最好。

如果一个人的神经系统处于适当的警觉和激动状态，那么他在任何事情中都能发挥出最佳状态，无论是谈话还是参加美国超级橄榄球赛。

激动程度过低的时候，人会显得笨拙迟钝、效率很低。为了改变这种不够激动的状态，我们可以喝点咖啡、打开收音机、给朋友打电话、与素不相识的人聊天、换一份工作——什么都可以！

在另一个极端，如果一个人的神经系统处于过激状态，他反而会变得闷闷不乐、笨手笨脚、思维混乱、无法思考，身体也变得不协调，感觉自己已经失去控制。这时候我们可以休息一下，或者在精神上彻底封闭一会儿。有些人会喝点酒，或者吃点安定药片。

最合适的激动程度是处于适中的状态。因此，人们希望能够达到"最佳激动状态"，这是心理学上最重要的发现之一。每个人都是这样，甚至连婴儿也不例外，他们同样既讨厌无聊，也不喜欢压力太大。

第2点：在同样的状况下，受到同样的刺激，不同人的神经系统激动程度的区别很大。

这种区别在很大程度上是因为遗传，这种现象始终存在，也十分正常。在人类以及所有高级动物中——比如老鼠、猫、狗、马、猴子——我们都可以观察到这种现象。对刺激非常敏感的个体，在每个物种里所占的比例一般差不多都是15%~20%。就好像在某个物种里，有些个头更大一点，而有些则更敏感一点。事实上，如果人为干预繁殖动物，让敏感的个体彼此交配，不出几代就能培养出一个特别敏感的品种。总之，在所有天生的性格特质中，是否敏感是最明显、最容易观察到的。

/// 天资的两面性

对刺激的反应程度不同，意味着即使是其他人注意不到的刺激，作为高度敏感者的你也能注意得到。无论是声音、画面，还是身体上的感觉（比如疼痛），无论多么细微模糊，你都很容易注意到。这并不是因为你的听力、视力或其他感官更加敏锐（很多高度敏感者都佩戴眼镜），而是在于通往大脑的神经通路或者大脑处理信息的过程更仔细、更彻底。我们对于每件事情都会比别人产生更多的反应，而且还能更精细地区分事物，就好像那些按大小给水果分级的机器——别人只能分出2~3类，我们却能分辨出10类。

你更容易注意到细微之处，从而直觉力更强，你会下意识地或半自觉地接收和处理信息。于是，你往往莫名地"知道"该怎样做，却不明白自己是怎么知道的。此外，更深入地思考和处理各种细节，意味着你会更多地反省过去和考虑未来，你"知道"事情为什么会发展到现在这样，以后又会怎样演变。这就是所谓的"第六感"。当然，直觉有可能会出错，就像你的眼睛和耳朵也会产生错觉，但你的直觉大部分时候还是准的，因此，高度敏感者往往会成为更具远见的预言家、直觉力强大的艺术家或发明家，他们是更认真负责、更谨慎小心、更聪明机智的人。

但是，如果刺激过于强烈，这种敏感特质反而会成为弱点。对于大多数人感觉适度的刺激，对高度敏感者来说已经是强烈刺激了。而大多数人感受到强烈刺激时，高度敏感者会感到筋疲力尽、难以承受，以至于他们的身体进入了停机状态，即所谓的"超限抑制"。

18世纪末19世纪初，俄国心理学家伊凡·巴甫洛夫第一次提出了"超限抑制"的概念。他认为，不同人之间最基本的遗传差异，就是多长时间内会达到这种状态。会迅速陷入停机状态的人，其神经系统与一般人有着根本性的差异。

无论是否属于高度敏感者，没有人会喜欢处于过激的状态。一个人感到失去控制时，整个身体都会发出警报，出现问题。过于激动，往往意味着无法发挥出最佳水平，当然，同样也意味着危险。几乎可以说，我们所有人都非常害怕处于这种状态，甚至连婴儿也一样。婴儿无法逃跑也无法反击，甚至发现不了危险，于是最好的办法就是遇到任何全新的或者带来刺激的东西，就嚎啕大哭，然后等着大人来救他。

不过，我们这些高度敏感者就像消防队一样，经常会接到假警报。如果我们的敏感特质能够拯救别人的生命，即使只有一次，我们也会感受到这种特质是我们遗传到的宝物。我们因为自身的敏感特质陷入过激状态时，确实令人烦恼，但拥有优势的同时势必会有代价，这都是整体的一部分。

———— 重视你的敏感性 ————

回想一下这样的经历：是否曾经哪一次或者很多次，你的敏感拯救了你自己或其他人，使人们免于遭受痛苦，避免蒙受重大损失，甚至逃脱死神的手掌？（拿我的例子来说，如果不是我在家里的老木屋天花板刚刚着火时就惊醒的话，我们全家都会丧命。）

/// 压垮骆驼的最后一根稻草

刺激是指唤醒神经系统、吸引其注意力、令神经中产生并传递一组电荷的任何事物。我们一般会认为刺激来自外部世界，但当然也可以来自我们的身体（例如疼痛、肌肉紧张、饥饿、口渴、性感觉等），还可能来自记忆、幻想、思考、计划。

刺激的强度（就像噪音的音量）和持续时间各不相同。事发的突然性会加剧刺激的程度，比如一个人被汽车喇叭声或喊叫声惊到；在宴会上同时听到四群人的交谈，再加上音乐，这样的复杂性也会加剧刺激。

一般来说，我们能够适应刺激。但有时候，我们以为自己已经习惯，不会被干扰了，可是突然觉得不堪重负，然后意识到：其实我们一直有意识地忍受着一些事情，这已经令我们筋疲力尽。高度敏感者即使只受到常见的适度刺激，比如说一天的工作，也需要在晚上安静一下。这种时候，再来"一丁点"刺激（也许一个电话、一个约会、一句求助，或者遇到一个不想见到的人），也会成为压垮骆驼的最后一根稻草。

同样的刺激对不同的人产生不同的作用，这就使刺激的作用更加复杂。圣诞节期间拥挤的购物中心，也许会使有些人回忆起愉快的家庭购物时光，感受到温馨的节日气氛。但另一些人，也许曾经不得不和大家一起去购物，他们没有多少钱买礼物，也不知道该买什么，过去的节日留下了不愉快的回忆，在这种情况下，圣诞节的商场只会令他们感到痛苦不堪。

有一条基本的规律是，如果我们无法控制刺激，就会感到更加心烦意乱。如果我们觉得刺激来自他人，这种感觉只会更明显。比如，亲自弹奏的音乐令人心情舒畅，但邻家立体声音响里传来的音乐，却显得令人心烦。如果我们以前就提出过请他们把声音调低，他们却依然如故，这几乎就变成了充满敌意的侵扰。甚至这本书也可能会增加你的烦恼，因为你开始意识到自己属于少数派，你有权要求减少刺激，但总是被别人忽视。

显然，如果我们能够摆脱这一切联想，忽然获得灵性的启迪，就没有什么会对我们产生刺激。难怪有很多高度敏感者会对灵性产生兴趣。

/// 激动，并非恐惧

不要将激动与恐惧混淆起来。

恐惧会令人激动，但其他很多情绪也同样会引起过激状态，比如高兴、好奇、愤怒等。一些下意识的想法或少许的兴奋，虽然不会引起明显的情绪，但也同样会令我们激动。我们往往意识不到，究竟是什么使我们激动起来，也许是陌生的环境，也许是声音，也许是眼前看到的一切。

其实，有很多方法能使人激动起来，也有不少迹象会令人感觉到自己的激动，这些方法和迹象常常变化、因人而异。过激可能表现为脸红、战栗、心跳加速、手抖、意识模糊、肠胃翻腾、肌肉紧张、手上或身上出汗。很多处于这种状况下的人，往往并没有意识到自己出现了这些反应。也有人声称自己感到激动，但几乎没有上面这些表现。"过激"这个术语，描述了所有这些感受及身体状况的共性。就像"压力"这个词一样，"过激"这个词也与一些我们都有所体会的事情有联系，虽然具体感受区别很大。当然，压力与过激是密切相关的：我们对压力的反应就是激动。

一旦我们注意到了这种过激状态，就会想找到根源，以便发现危险。我们往往以为自己处于过激状态是因为恐惧，由于我们明显表现出激动，别人会以为我们在害怕，然后连我们自己也相信了是这个原因。随即，由于我们确信自己是在害怕，反而会变得更加激动。我们没有意识到，心跳加速很可能是过激产生的影响。以后再面对这种状况时，主动离开那个环境，也许就能使自己冷静下来。

/// 敏感特质令你与众不同

敏感特质会给你带来诸多好处。你的大脑运转方式是与众不同的。整体来看，与非高度敏感者相比，大多数高度敏感者：

- 更擅长发现错误、避免犯错。
- 非常认真负责。
- 能够专心致志（但必须在没有干扰时，才能发挥出最佳状态）。
- 尤其擅长需要警惕性、精确性、高速度、区分细微差异的工作。
- 能够通过心理学中所谓的"语义记忆"，更深入地处理材料。
- 经常会思考我们内心的想法。
- 能够不知不觉地学习。
- 深受其他人状态和情绪的影响。

当然，也有很多例外，尤其是认真负责这一条。我们并不想以此为荣，实在地讲，好心办坏事的时候也不少。所有这些优势也都隐含着弱点。我们能力很强，可是，如果有旁观者、有时间限制，或者要接受他人评估，我们往往无法把自己的能力正常发挥出来。

我们需要更深入地处理信息，以至于一开始我们仿佛根本没有弄懂，但过一段时间后，我们理解的、记住的要比别人更多。也许这就是为什么高度敏感者学语言学得更好，虽然处于过激状态时，他们也许说得不如其他人流畅。

如果问我们在想些什么，我们更多会提到自己内心的沉思冥想，而不是周围的外部世界，但这并不意味着我们很少考虑到别人。

除了大脑，我们的身体也是与众不同的。大多数高度敏感者的神经系统会有如下特征：

- 擅长精细动作。
- 擅长保持静止状态。
- 早起精神好（也有很多例外）。
- 更容易受到咖啡因之类刺激性食品的影响，除非已经完全习以为常。
- 右脑更发达（直线思维更少，综合创造力更强）。
- 对空气中的漂浮物更为敏感（容易患上花粉病和皮疹）。

总体看来，我们的神经系统似乎天生就容易对细微感受做出反应，但也正因为这样，我们不得不面对一个现实：在强烈刺激后，我们恢复得更慢。

高度敏感者并非始终处于过激状态。在日常生活中或睡眠中，我们并不会处于"慢性过激"状态。我们只是更容易被新的或持续性的刺激所影响（高度敏感不同于"神经过敏"，神经过敏是指无缘无故持续性的焦躁不安）。

既然这种特质存在于所有的高级动物中，那么必然有其价值。之所以在所有的高级动物中，都有一定百分比的个体表现出敏感特质，就是因为在群体中，最好能有一部分个体关注周围的细微迹象——有15%~20%的个体会随时留意危险的信号、新的食物来源、老弱病残的需求、其他动物的习惯,这是个正合适的比例。

当然,群体中也有不少个体对危险不那么警觉、对行动后果不会多加考虑,这也是有好处的。他们会不假思索地冲出去探索全新的事物,为群体的利益或势力范围而战斗。每个社会都需要这两种类型的个体同时存在。

人类能从高度敏感者身上获得的好处,要比其他物种多得多。高度敏感者更多地体现了人类与动物的区别:我们能够推测未来的可能性。高度敏感的人,尤其能够更深刻地反省过去、思考未来。

有需求才有创造发明,高度敏感者无疑会花费更多的时间设法解决人类面临的问题,因为他们对于饥饿、寒冷、疲劳、疾病更加敏感。

具备敏感特质的人,有时比一般人更不快乐,或者说更加无法快乐。在高度敏感者们看来,生与死的意义、世间万物是多么复杂——我们的思想丰富多彩,不是非黑即白那么简单。大多数非高度敏感者不喜欢思考这些问题,他们会觉得反复思索这些问题肯定会不快乐。

亚里士多德曾经问过:"你愿意做一只快乐的猪,还是一个不快乐的人?"高度敏感者更愿意做个头脑清醒的人,即使我们明知这不一定会带来快乐。

/// "我的敏感特质是遗传的吗?"

有人猜测这种敏感特质是遗传而来的,尤其是他们会记得自己从某个时期开始突然变得敏感了,或者敏感性明显增强了。

在大多数情况下,敏感性是遗传的。针对同卵双胞胎进行的研究,为此提供了强有力的证据——双胞胎即使被分开抚养,长大后的行为仍然很相似,这说明人类的行为至少部分是由遗传决定的。

但另一方面，并不是所有被分开的双胞胎都会表现出同样的特质。例如，双胞胎中每个人都会表现出和养母相似的个性。这又说明事实上，特定的生活经历会产生影响，几乎没有哪种遗传特质不能被加强或减弱，甚至从零产生或完全消除。例如，一个孩子只要出生时带有一点点敏感倾向，在家里或学校里受到压力时，就会变得孤僻。这也许可以解释为什么有哥哥姐姐的孩子更可能成为高度敏感者——这与基因并无关系。类似的，针对幼猴与母猴分离产生精神创伤的研究发现，这些猴子长大后的表现与天生敏感的猴子十分相似。

环境也有可能促使这种敏感特质消失。许多天生很敏感的孩子，在父母、学校、朋友的鼓励下，能变得更勇敢。在嘈杂拥挤的环境中居住，在一个大家庭里长大，或者多进行体育锻炼，都有可能降低敏感性，就像一些敏感的动物在经过大量的训练之后，有时会失去一定的天生的警戒心。不过，要让这种潜在的特质完全消失，似乎是不可能的。

单就某个成年人来说，我们很难知道你的敏感特质是遗传而来的，还是在生活中发展出来的。一般来说，关于你小时候的故事就能给你全部答案。

———— 你一出生就很敏感吗 ————

问问你的父母，是否还记得你是否一出生就很敏感，你刚出生后 6 个月是什么样子，婴儿时是什么样子。你是否曾有过高度敏感婴儿的一些典型表现，出现变化时，比如脱衣服、被放进水里洗澡、吃陌生的食物、听到噪音时，你是否难以适应？你是否经常肚子痛？是否很难入睡、时时惊醒、睡眠时间很短，尤其是当你过于疲劳的时候？

要知道，如果你的父母之前从来没照顾过别的婴儿，他们也许不会注意到那么一丁点大的你与别的孩子有什么区别。你也可以让他们看一下本书前面的调查表，问问他们自己或其他家人是否存在敏感特质。尤其是如果你发现父母双方都有高度敏感的亲戚，那么你的敏感特质很可能是遗传的。

但如果你的特质不是遗传的，或者你无法确定，会怎样呢？其实，这一点无关紧要。重要的是，现在的你已经是个具有敏感特质的人。因此，不要过于纠缠这个问题，下一个主题远比这个重要得多。

/// 你属于理想性格的人吗？

怎样从中性的角度来看待我们的特质——在某些场合有用，另一些场合则没什么用——因为我们的社会肯定不会从中性角度看待敏感特质或其他任何特质。人类学家玛格丽特·米德很好地解释了这种现象。虽然每个社会中，刚出生的婴儿都会表现出各种各样的遗传性格，但只有很少的一部分属于所谓的理想性格。用米德的话来说，这种理想性格深刻体现在"社会的方方面面——抚养幼儿的方式、孩子们的游戏、人们唱的歌、政治组织、宗教仪式、艺术和哲学"。而其他性格会被人们忽视或遏制，甚至冷嘲热讽。

在我们的社会中，理想的性格是什么样的呢？电影、广告、公共场所的设计都在告诉我们，应该像"终极者"一样身强体壮，像西部片里的牛仔一样坚韧不拔，像那些活泼可爱的姑娘一样开朗外向。明亮的灯光、喧闹的声音、聚集在酒吧里的一群嘻嘻哈哈的家伙，这些刺激应该令我们感到兴奋愉快。如果我们十分敏感、无法忍受，那就是所谓"理想性格"之外的人了。

如果这本书里只有一件事能让你记住，我希望是下面这项研究成果。加拿大安大略省沃特卢大学的陈心音和肯尼思·鲁宾,以及上海师范大学的孙越荣,他们比较了480名上海儿童和296名加拿大儿童,研究哪种性格的孩子最受欢迎。在中国,大家最愿意交朋友一起玩的孩子中,包括了很多"害羞""敏感"的孩子(在汉语里,羞涩或安静意味着乖巧有礼貌;敏感常被解读为"懂事、会看脸色、有同情心",属于褒义词)。而在加拿大,"害羞""敏感"的孩子是最不受欢迎的,你在成长过程中也可能会面对各种各样的态度。同样的你,在不同的文化背景中,遭遇的态度可能截然相反。

如果你所处的社会中的理想性格与你的性格不同,这肯定会影响人们对待你的方式,也影响你对待自己的方式。

———摆脱大多数人定下的规则———

1. 父母对你的敏感性是什么态度?

他们希望你保持这种性格还是改掉这种性格?他们是否觉得这样不合时宜?他们觉得敏感等于害羞、胆小、缺乏男子气概,还是觉得这意味着艺术气质、拥有天赋、聪明伶俐?你的其他亲戚、老师和朋友,对敏感抱有什么样的态度?

2. 媒体又是什么态度?尤其是你童年时代的媒体。

你小时候崇拜的榜样和偶像是谁?他们看起来是否也像高度敏感者?你现在是否觉得自己永远也无法成为他们那样的人?

3. 想一想这使你产生了怎样的态度。

这对你的职业、休闲娱乐、爱情和友情产生了怎样的影响?

4. 你所属的高度敏感者群体,在如今的媒体上是怎样的形象？

想一想高度敏感者的正面形象和负面形象，哪一面占优势？

5. 考虑一下高度敏感者能够怎样为社会做出贡献。

回忆一下你亲身经历的或从书上读到的事例，比如亚伯拉罕·林肯的事迹。

6. 想一想你自己对社会的贡献。

无论你正在做什么——雕刻、抚养孩子、研究物理、投票选举——你都会深入思考、注重细节、高瞻远瞩、认真负责。

/// 心理学上的偏见

心理学研究对高度敏感者进行了颇具价值的分析，但从一种文化中发展出来的心理学，只会反映出这种文化中的偏见，比如认为他们不快乐、心理不健康（这绝对不正确），甚至缺乏创造力、不够聪明。

希望你不要给自己贴上"拘谨""内向""害羞"之类的标签。这些标签并没有体现出敏感特质的本质，反而给人染上了一种消极的色彩。高度敏感者被贴上这些标签后，会变得更加缺乏自信，因为他们相信，贴着这些标签的人在某些场合中会不知所措，于是当他们真的处于这些场合中时，就会更加心烦意乱。

有些文化对于敏感特质的评价较高，如日本、瑞典和中国，研究中体现出的倾向完全不同，了解这一点会很有帮助。例如，日本心理学家认为敏感的人会表现得更好，事实也确实如此。针对压力进行研究时，日本心理学家发现，非敏感者的应对方式存在更多缺陷。

/// 你是参谋还是勇士？

无论是好是坏，这个世界正日益被一种趋向于开阔眼界、扩张、竞争、好胜的攻击性文化所控制。这是因为，不同的文化彼此接触时，更具攻击性的文化自然而然会具有优势。攻击性文化起源于亚洲大草原，也就是印欧文明诞生的地方。骑马的游牧部落主要是靠抢夺其他部落的畜群，侵占别人的地盘，不断扩充自己的马匹和牛群。他们大约在七千年前进入欧洲，把抓到的俘虏变成奴隶，并进一步通过战争和贸易扩张成更大的王国或帝国。

能够延续最久、过得最快乐的印欧文明，通常由两类人来统治——国王和勇士。然而，攻击性的文明如果想要持续下去，必然也需要牧师、法官、参谋等。这一类人是为了制衡国王和勇士们（就像美国最高法院制衡总统及其军队一样）。他们更加深思熟虑，经常阻止勇士们的冲动行为。事实往往证明，参谋是正确的，这类人会成为受人尊敬的律师、历史学家、教师、学者以及正义维护者。他们颇有先见之明，例如，他们会关注普通民众的幸福安宁，因为平民大众是种植粮食、抚养儿童的主力，是社会的基础。他们也会反对草率发动战争，反对破坏土地。

王室参谋们始终深谋远虑，竭尽所能引导社会中强大的扩张性力量远离侵略和独裁，这一点在现代社会中做得越来越成功了。那种扩张性的力量可以被引导来发明创新、探险、保护地球和弱势群体。

高度敏感者往往扮演着参谋的角色。他们是作家、历史学家、哲学家、法官、艺术家、研究人员、神学家、临床医学家、教师，以及勤勤恳恳的普通民众。他们不得不阻止大多数人鲁莽冲动的行为，勇士们会嚷嚷着他们怯懦，然而他们必须学会忽略这种说法。勇敢大胆的勇士们自有其价值，但高度敏感者也一样，他们也有自己的特点，也能为社会做出重要的贡献。

/// 查尔斯的故事

在高度敏感者中，只有少数人从一开始就知道自己属于敏感的人，并认为这是一件好事，查尔斯就是其中之一。

查尔斯独特的童年时代及之后的岁月，很好地证明了自信的重要性和文化的影响。

查尔斯现在已步入第二次婚姻生活，他很幸福，是一位学识渊博、循循善诱的大学教师，收入可观、受人尊重。在闲暇时间，他是一位才华横溢的钢琴家。他深深体会到自己的天赋令生活充满意义。

查尔斯记得小时候，有一次他站在人行道上，前面挤了一堆人，围观一个陈列圣诞节装饰品的橱窗，他被挡在后面。于是他大声说："大家让一下，我也想看看。"人们笑了起来，让他走到前面去。

多么自信的孩子！这种当众大声说话的勇气，肯定是在家里培养出来的。

查尔斯是个敏感的孩子，他的父母对此感到很高兴。在他们的朋友圈子里——艺术家和知识分子的亚文化群体中——敏感是与才华横溢、教养良好、品味高雅联系在一起的。查尔斯的父母并不担心他学的东西太多，与其他孩子玩得太少，而是鼓励他阅读更多的书籍。对他们来说，查尔斯是个完美的儿子。

在这种家庭背景下,查尔斯十分自信。他知道自己从小就浸渍在优秀的审美品位和道德观念中。他完全不觉得自己有什么缺陷。虽然后来他也意识到自己有些与众不同,属于一个少数群体,但他所处的亚文化群体本身就是与众不同的,这个群体已经教会了他把这一特质视为优势而非劣势。他在陌生人中总是感到非常自信,他进入了最好的大学,后来又成为教授,一路始终充满自信。

查尔斯相信自己的音乐才华就是来自敏感性。在几年的精神分析中,敏感特质也帮助他更深入地了解自我。

当提到敏感特质的劣势,以及怎样才能平静面对它时,查尔斯提到,噪音会令他十分烦恼,因此他住在一个安静的社区中,让悦耳动听的喷泉声、美妙的音乐陪伴着他。他的情感深沉细腻,有时也会感到忧郁,但他会思考自己的感受,并想办法解决。他知道自己很容易把事情看得太严重,但他会有意识地调整自己。

查尔斯感到激动时,一般会产生强烈的生理反应,而后果就是失眠。这时候他会采取自我控制的措施,比如,工作方面给他带来了太多压力,一旦手头的工作可以告一段落,他会尽快离开这个环境,外出散步或者弹弹钢琴。考虑到自己的敏感性,查尔斯会特意避开商业方面的工作。如果他晋升到一个职位,感觉压力过大,他会尽快更换职位。

查尔斯围绕着敏感特质安排自己的生活,使自己始终处于最佳激动状态,他完全不觉得这属于一种缺陷。我问他对其他高度敏感者有什么建议。他说:"多花点时间与外部世界接触——不要害怕你的敏感。"

/// 自豪的理由

读到这里,你或许已经激动不已!你心里已经浮现出各种各样强烈而复杂的感受。你能够感受到其他人忽略的细微之处,因此,你自然很容易变得激动,感觉不舒服,这是必然代价。

关键在于,你天生就是参谋和思想家,是社会中精神和道德的领袖。你绝对有理由为自己感到骄傲。

实际应用
改变自己对变化的反应

在本书一些章节的结尾处,我会请你根据从这本书中学到的东西,"重构"自己的感受。"重构"是一个认知心理疗法的术语,指的是在新的背景中、通过新的框架、以新的方式看待某个事物。

第一项重构任务:回想你人生中记忆最深刻的三次重大变化。

高度敏感者往往会对变化产生抵触的感觉,或者我们会努力让自己接受变化,但仍然备受困扰。我们不善于"应对"变化,即使是好的变化,也是令人痛苦的事情。

我的例子:

> 我的小说出版了,多年的梦想终于成真,然后我需要到英国去做一些宣传推广活动。但意料之中,我病倒了,整段旅途中没有享受到一丁点乐趣。那时我觉得,我这么神经质,硬生生破坏了自己的重要时刻。现在,我对敏感特质已经有所了解,

我终于明白那次糟糕的旅行只是因为我太过激动。

以上是我经历的一次变化，我对那次经历的全新理解就是我所谓的"重构"。现在轮到你了。想一想你生活中的3次重大变化或意外事件。选出一件当时感觉很糟糕的事——损失或结束之类。再选出一项不好不坏的重大变化，以及一项好的变化，也就是值得庆祝的事情或有益于你的事情。对于每一项变化，按照下面的步骤来做：

1. 想一想你对这项变化的反应，一直以来是怎样看待这项变化的。

你以前是否觉得自己的反应是"错误"的，或者和别人不一样？是否觉得自己的反应持续了太长时间？是否感到自己某些方面很差劲？是否想要隐藏自己的不安？当时别人是不是认为，或者直接告诉你，你"反应过度"了？

下面是应对变化的一个负面例子。

> 乔希30岁了，但他心里一直存在着一种屈辱感，已经持续了二十多年，这种感觉是在小学三年级他转学后产生的。他在原来的学校里很受欢迎，因为他画画很好、有幽默感、穿着有趣……等等。可在新的学校里，这些特点反而使他成为同学们欺负和嘲笑的对象。虽然他表面上显得并不在乎，内心深处却感觉糟透了。甚至到了30岁时，他仍然会在心底默默地想，自己是不是活该那么不受欢迎。也许他确实有点奇怪、有点"懦弱"，不然他为什么无法更好地保护自己呢？也许那些嘲笑说得都没错？

2. 根据你现在对于身体自动运转的理解，评判自己当时的反应。

> 就乔希的例子而言，我得说，他在刚转学的几个星期内是处于过度激动的状态。刚来的时候，肯定很难说出什么幽默的

话，很难在游戏和课堂作业中表现很好，而其他孩子们就是通过这些来评判新同学的。那些恃强凌弱的孩子觉得，乔希是个容易对付的目标，能让他们自己显得更强大。而其他孩子也不敢站出来保护他。于是乔希失去了自信，觉得自己一定有什么缺陷，和大家不一样。如果他尝试新事物时周围还有其他人在，这种想法会使他处于更加激动的状态。于是他看起来总是紧张兮兮、不太正常。虽然那是一段痛苦的时间，但并不是值得耻辱的事情。

3. 想一想现在需要做些什么。

我建议你可以和别人讨论一下，也可以选择当时在场的人，帮助你恢复昔日画面中的更多细节。我也建议你写下对于这些经历的新旧两种看法，放在手边随时提醒自己。

第 2 章

深入探索敏感特质

一种天生的特质。敏感切实存在,无须烦恼。

/// **罗布和丽贝卡**

一位好友生了一对双胞胎——男孩叫罗布,女孩叫丽贝卡。从他们生下来第一天开始,就能看出两人之间的不同。

他们在完全相同的环境下出生。罗布一出生我就认识他了,虽然他们两人刚出生就受到了不同的对待,但这很大程度上是因为他的敏感性,他与生俱来的独有特质(罗布和丽贝卡性别不同,他们是异卵双胞胎,这意味着他们基因上的区别并不比一般兄弟姐妹之间的区别大)。

男孩罗布敏感,而女孩丽贝卡不敏感。罗布比丽贝卡更瘦小,这一点也颠覆了固定看法(如果你读着罗布的故事,产生了情感共鸣,不必感到惊讶。你心底也许会泛起过去一些模糊的记忆或感受,不必感到不安,只需观察这些感觉。也许把这些感觉记录下来会成为很有用的信息)。

/// 不同的睡眠状况

罗布和丽贝卡出生几天后,当他们累了时表现出的性格差异最为明显。丽贝卡会很快睡着,不容易惊醒。而罗布则会一直不睡,大声啼哭——尤其是在发生了变化的时候,比如有客人拜访或外出旅行。爸爸妈妈不得不抱着他走来走去、轻轻摇晃、哼起歌谣、拍拍他的背,希望能让他平静下来(对于稍大一点的敏感孩子,我们的建议是把他放在床上,安静和黑暗会慢慢平复孩子的激动,这才是孩子哭泣的真正原因。高度敏感者非常了解"太累了睡不着"是一种什么感觉。其实他们正是因为太激动才睡不着)。

然而,大多数父母不忍心让刚出生的婴儿哭上一个小时,罗布的父母最后发现,最能哄他入睡的还是电动摇篮。

人们的睡眠周期,有的阶段很容易惊醒,有的则很难,但敏感的孩子们深睡的阶段似乎更短暂。而且一旦醒来,就很难重新入睡。对于高度敏感的孩子们,我的建议是用一块毛毯把他的摇篮盖起来。在他的小帐篷里,一切都安静而舒适,尤其是如果我们把他放在一个不熟悉的地方,这样做是最合适的。有时候,敏感的孩子确实会促使父母变得情感细腻、富有创造力。

/// 同一天晚上,不同的故事

罗布和丽贝卡快 3 岁的时候,他们的小弟弟出生了。那天晚上他们的父母都在医院里,于是我和我的丈夫过去照看罗布和丽贝卡,睡在他们父母的卧室里。我们事先就被叮嘱过,罗布夜里至少会被噩梦惊醒一次（他做噩梦的次数远比妹妹多——这也是高度敏感者的典型特点）。

凌晨5点钟，罗布迷迷糊糊地走了进来，低声抽泣着。当他发现爸爸妈妈的床上躺着两个陌生人的时候，带着睡意的呜咽声马上变成了尖叫。

我也不知道他的大脑想象出了什么。也许是"危险！妈妈不见了！可怕的怪物把她带走了！"

大多数家长都同意，孩子能理解大人的话语之后，一切都会变得容易起来。面对一个被自己的想象吓坏了的高度敏感的孩子尤其是这样。我的秘诀是，在他抽泣的间隙，插入一些简单的安慰话语。

幸运的是，罗布很有幽默感。于是我提醒他，前一天晚上是我照料的他们，我还给他们吃饼干，作为晚餐前的"开胃菜"。

他忍住了啜泣盯着我看，然后露出了微笑。在他的大脑里，我从抢走妈妈的怪物变回了有趣的伊莱恩阿姨。

我问他要不要跟我们一块儿睡，我知道他更愿意回到自己的床上去。他很快就回去了，睡得很熟。

早上，丽贝卡走了进来。她看到爸爸妈妈都不在，只是微笑着说："早上好，伊莱恩阿姨。早上好，阿尔特叔叔。"然后就走了出去。这就是高度敏感的孩子与非高度敏感的孩子之间的区别。

如果我当时朝罗布大吼让他闭嘴，回自己的床上去，光是想一想会发生什么就令人心痛。他很有可能会听话回去，感觉自己被遗弃在一个危险的世界中。他再也没法睡得着。他细腻敏锐的内心，会对这次经历纠结不已，反反复复想上好几个小时，很可能还会觉得一切都怪自己。敏感的孩子们对于黑暗的恐惧是天生的，与身体上的打击或伤害无关。

第 2 章 深入探索敏感特质

/// 为敏感的罗布画像

时光流逝，这对双胞胎刚出生第一年和父母一起出门的时候，墨西哥餐馆里的巡回乐队使丽贝卡兴致勃勃，罗布却被吓得大哭。他们两岁时，面对海浪、理发、旋转木马，丽贝卡会很开心，罗布却很害怕，至少刚开始会很害怕，就像他第一天去幼儿园时那样。每次过生日和节假日，随之而来的刺激也使他感到畏惧。罗布会对各种各样的东西表现出害怕——松树、床罩上的图案、墙上的阴影。对于别人来说，这些恐惧莫名其妙、很不真实，但对罗布来说，恐惧却是切切实实存在的。

总之，罗布的童年确实过得有点艰难，对他那对充满爱心、可靠能干的父母来说也是一样。任何一种性格，在良好的家庭环境下都会把难以应付的方面表现得更明显。

罗布4岁之前，当他感到激动时往往就会气得大哭。在这种时候，他的父母会耐心帮助他控制自己的情绪。这样每过一个月，他都能更好地控制自己不要在压力下崩溃。比如看恐怖或悲伤的电影时，他学会了在心里默念父母安慰他的话，"这只是电影"或者"我知道结局肯定是好的"。要不就闭上眼睛、捂住耳朵，或者离开一会儿。

也许是因为罗布比一般人更加小心谨慎，所以各种动作技巧他都学得比较慢。与其他男孩相比，他不喜欢野蛮粗暴的游戏。但是他想和大家一样，于是努力去做，最后终于被孩子们接受。而且，幸好罗布的父母很注意他能不能适应，到了现在，他已经变得很喜欢上学了。

罗布的敏感特质，使他产生了另一些特点：他有着丰富的想象力。对于艺术颇具感受力，尤其是音乐。如果是和熟人在一起，感觉舒适自在，他会显得很有幽默感和表演天分。从3岁开始，他就已经会"像律师一样思考"，能迅速注意到关键所在，察觉到细微差别。他关心别人的感受，很有礼貌、亲切友好、考虑周到——他激动的时候则例外。同时，他的妹妹也有很多自己的优点。其中一点就是她属于那种安定的人，成为兄妹生活中的定心石。

/// 一种天生的特质

哈佛大学的心理学家杰罗姆·卡根认为，敏感是可以观察到的，就像头发或眼睛的颜色一样。表面看来，尤其是在实验室背景下看来，他研究的孩子确实显得拘谨、羞怯或胆小。其实，这些孩子真正的特质是敏感而非其他。一个安静旁观的孩子，内心也许一点儿也不羞怯，只不过是正在评估眼前所见的一切细节。

卡根观察了22个具有敏感特质的孩子，研究他们的成长过程。同样也观察了19个看起来完全不羞怯的孩子。父母们提到，与普通孩子相比，"羞怯"的孩子在婴儿时期往往更容易出现过敏症、失眠症、急腹痛以及便秘。但由于这些孩子们都是第一次在实验室里接受观察，他们的心跳本身就会比平时更快，因此在受到压力时并不会出现明显变化（心跳速率在已经偏高的情况下很难再发生变化）。受到压力时，高度敏感的孩子瞳孔放大更快，声带更紧绷，从而说话的音调也更高（很多高度敏感者终于明白自己的声音在紧张兴奋时为什么会听起来与平时不一样）。

检查敏感孩子的体液（血液、尿液和唾液）后发现，他们大脑中去甲肾上腺素的含量偏高，尤其是孩子们在实验室中经受了各种各样的压力之后，表现更为明显。去甲肾上腺素与激动的状态有关，这就是大脑中的"肾上腺素"。

无论是处于压力下,还是感觉舒适自在时,敏感孩子体液中皮质醇的含量都比一般人要高。皮质醇是人体在较长期处于激动或疲劳状态下时释放出的一种激素。

卡根之后进行的研究还发现,大约有20%的婴儿受到各种刺激时会产生"强烈反应":他们会使劲挥动四肢、弓起背部,就好像感觉疼痛或想要逃走,而且经常啼哭。一年后,出现这类反应的婴儿有2/3长成了高度敏感的孩子,他们在新环境中会显得非常害怕,只有10%不会表现出强烈恐惧。因此,从出生开始就能大体上观察到敏感这种特质,罗布就是一个例子。

卡根的结论是,具有敏感特质的人是一个特殊的群体。虽然与一般人一样同属人类种族,但遗传上存在明显差异,就好像猎犬和边境牧羊犬之间区别很大,虽然它们都是某一品种的狗。

敏感群体可分为区别明显的遗传"种类"。我对300名随机选取的对象进行调查后发现,大约20%的人觉得自己"极为"敏感、"特别"敏感,27%的人觉得自己"中等程度"敏感。但随即出现了明显的锐减。只有8%的极少数人自称"不敏感"。这3类人似乎构成了一个连续统一体。而多达42%的人认为自己"完全不敏感"。

我和很多高度敏感者会面后,感觉他们确实是一个和不敏感者截然不同的群体。在这个群体中,敏感性也是多种多样的。也许是因为造成敏感特质的原因不同,导致人们具有不同种类或"风格"的敏感性,有些人敏感程度更高一些,有些人天生就具有2-3方面的敏感特质。人们也会因为经历或有意识的选择,通过各种各样的方式增强或减弱敏感性。这些又导致高度敏感者的群体边界模糊。

/// 大脑的两个系统

很多研究者认为,大脑包括两个系统,敏感性来自这两个系统之间的平衡。一个系统是"行为激活"系统(或"接近"系统、"促进"系统),涉及大脑中接受感官信息并向肢体发号施令的部分。这个系统会使我们接近事物,特别是新的事物,使我们热切寻找生活中好的东西,譬如新鲜的食物和同伴,这一切都是我们生存的必需品。这个"行为激活"系统起作用时,我们会变得好奇、勇敢、冲动。

另一个系统称为"行为抑制"系统(或"退缩"系统、"回避"系统)。据称,"行为抑制"系统会促使我们远离某些事物、警惕危险,使我们保持警觉、谨慎小心、时刻关注周围的变化迹象。这个系统会吸收当前状况中的一切信息,然后自动把当前与过去的常见情况相比较,再与未来的预期相比较。如果发现不适当的情况,这个系统会让我们先停下来,等到完全了解新环境之后再说。我认为这是智慧的一个重要组成部分,应该给它一个更积极的名称:暂停检查系统。

现在来研究一下,为什么有些人的暂停检查系统更加活跃。想象一下,一天早晨,罗布和丽贝卡去上学。丽贝卡看到的是与昨天一样的老师、教室和同学,她就跑去玩了。罗布却会注意到老师心情不好,有个孩子看起来很生气,角落里出现了一些没见过的书包。罗布会犹犹豫豫地觉得今天最好小心一点。于是这里又一次体现出敏感性。

心理学中认为这两个系统具有完全相反的目的,与上一章中提到的勇士与参谋之间的对立,是多么的相似。

通过两个系统来解释敏感性，也说明存在着两种不同的高度敏感者。有些人只具有一般程度的暂停检查系统，但行为激活系统却更弱。这种类型的高度敏感者也许非常镇静、沉默，满足于简单的生活。就好像有些修道士会成为王室参谋统治整个国家。另一类高度敏感者的暂停检查系统非常强大，但同时行为激活系统也很活跃，只是相比前者较弱一点。这类高度敏感者非常好奇也非常谨慎，既勇敢又胆小，很容易无聊也很容易激动。最佳激动状态通常只是一段很窄的范围。可以说，这类人身上同时存在着谨慎的参谋与冲动的勇士，两种相反的力量不断互相斗争。

我觉得罗布就属于这种类型。而另一些孩子，在人们眼中过于安静、缺乏好奇，很容易面临被人忽视或遗忘的危险。

———— 你属于哪种类型？ ————

你的参谋系统/勇士系统是否都比较安静，于是暂停检查系统/激活系统和平共处？也就是说，你是否很容易满足于安静的生活？又或是控制你的这两个部分经常起冲突？换言之，你是否总是想尝试新事物，即使明知自己之后会筋疲力尽？

/// 成长经历影响敏感

别忘了，你是个复杂的生命。有些研究人员，比如俄勒冈大学的玛丽·洛斯巴特，强调研究成年人的性格不同于研究儿童的性格。成年人会进行分析、作出选择、靠意志力坚持自己的选择。洛斯巴特认为，如果心理学家针对儿童和动物进行了太多的研究，就会忽视人类思考及生活经历所起到的作用。

刚出生时，婴儿的反应都是消极的——表现得烦躁、不安。而像罗布这样的敏感婴儿会更加烦躁不安——卡根称之为"反应强烈"。

两个月大的时候，行为激活系统开始起作用。这时他会对新事物表现出兴趣。随之而来是一种新的感觉——如果他拿不到想要的东西，就会感到愤怒、充满挫折感。他有可能产生积极的情绪，也可能产生愤怒，至于感情的强烈程度，则取决于激活系统的力量。罗布的两个系统都很强大，于是他变成了一个很容易生气的婴儿。而激活系统较弱的敏感婴儿，在这个年纪还是平静温和的"好孩子"。

6个月大的时候，更高级的自动暂停检查系统开始起作用。这时他会比较当前和过去的经历，如果和过去的某次经历一样令人不安，他就会感到害怕，不过，他也会看到每次经历中的细微差异。他总是会看到更多陌生的、也许很可怕的东西。

对于高度敏感者来说，6个月大时的每次经历都至关重要。如果接近新事物时发生过几次糟糕的经历，暂停检查系统会变成"暂停——什么也不做"系统，一种真正的抑制系统。为了避免发生糟糕的事情，最好的办法就是避开一切。当然，他越是避开这个世界，这个世界对他来说就会变得越陌生。想象一下，这样的世界会变得多么可怕！

最后，在10个月大时，他开始学会转移注意力，决定是投入还是停止某种行为。比如有一种冲突像是"我想试试那个，但它看起来太陌生了"。在这个阶段他已经能够作出选择，决定服从于哪一种情绪。

社会帮助他克服恐惧的过程中，还涉及人体内另外一个系统。洛斯巴特认为，在成年人体内，这个系统已经非常发达。而10个月大的孩子体内，也开始出现这种系统。孩子们靠这种系统与他人发展出联系和感情。如果一个人的社会经历是正面的、能够支持他的，那么这个生理系统就会开始发展。我们可以称之为爱的系统。这个系统会产生内啡肽，一种使人感觉良好的神经化学物质。

  如果信任他人的帮助，你可以在多大程度上克服恐惧？你身边的哪些人是可以依靠的？你的感觉是否类似于"妈妈就在这里，所以我敢尝试"？你是否会模仿她安抚你的话语和行为？"别害怕，一切都会好的。"我发现罗布用过所有这些方法。

/// 皮质醇与睡眠

  大多数研究人类性格的专家，都研究过短期的激动状态。人体内还有另外一个主要由荷尔蒙控制的系统，也与激动状态有关。这个系统起作用的速度也很快，其主要分泌物皮质醇在 10~20 分钟后效果最明显。体内产生皮质醇后，会更容易出现短期激动反应。从而长期激动状态变得比以前更易激动、更加敏感。

  皮质醇的效果会持续几个小时甚至几天，这可以从体液中检测到。明尼苏达大学的心理学家梅根·古纳尔认为，也许暂停检查系统的重点就在于保护我们不至于陷入不健康的、令人痛苦的长期激动状态。

  研究表明，当我们第一次遇到某种全新的、具有潜在威胁的事物时，首先会出现短期激动反应。如果我们觉得自己或同伴可以应对这种情况，就不会再将其视为威胁。短期的警报停止了，长期的警惕却不会消失。

  古纳尔通过一项很有意思的实验证明了这个过程。她把一些 9

个月大的婴儿与他们的母亲分开半个小时。一半由一个非常细心的保姆照料，另一半则由一个粗心的保姆照料。然后，每个婴儿和保姆待在一起时，会面对一些吓人的陌生事物。

实验结果的重点是，只有和粗心的保姆在一起的高度敏感婴儿，唾液中出现了更多的皮质醇。和细心的保姆在一起的婴儿，似乎因为感觉有可以依靠的对象，无须产生长期的压力反应。

假如是母亲亲自照看婴儿，结果会如何？敏感的孩子们在妈妈的陪伴下对一个新奇、吓人的环境，表现出了他们常见的短期强烈反应。

从而我们可以认为，高度敏感者不应避世隐居，而是应该走进外部世界，尝试各种各样的事物，这是非常重要的。但照料孩子的人必须能够给他们带来安全感，而且他们的探索必须是成功的，否则，他们会更加觉得远离新事物才是正确的做法。这个过程甚至在你学会说话之前就已经开始了。

很多聪明、敏感的父母几乎会下意识地让孩子们经历一切有必要经历的事情。罗布的父母一直都会表扬他的成功，鼓励他面对自己的恐惧，验证一下是否真的很可怕，同时也在需要的时候为他提供帮助。随着时间的流逝，罗布对这个世界的看法有所变化，世界并不像他的神经系统在刚出生一两年内感受到的那么可怕。敏感特质为他带来的一切优点，比如创造力和直觉力，都开始蓬勃发展起来，而生活中的困难之处则会逐渐消失。

如果父母没有做出任何努力帮助一个敏感的孩子产生安全感，那么，这个孩子是否真的会变得"羞怯"，很可能取决于激活系统和暂停检查系统的力量对比。有时候某些父母、某些成长环境，还会使事情变得更糟。毫无疑问，不断重复经历令人害怕的事情，会使孩子明显变得更加谨慎小心，尤其是如果孩子有过无法恢复冷静、无法获得帮助的经历，比如曾经因为探索新事物而受到处罚，或者本来应该帮助他们的人反而变成了恐怖的来源，他们的谨慎心会愈发强烈。

还有一点也很重要，婴儿体内的皮质醇越多，睡眠时间就越短，而睡得越少，皮质醇分泌得越多。在白天，体内的皮质醇越多，孩子越会感到害怕，而越害怕，皮质醇分泌得越多。如果婴儿在晚上能睡得安稳，白天也能时不时打个盹，就能减少体内的皮质醇分泌。要知道，较低的皮质醇意味着较少的短期警觉状态。我们可以看出，这就是罗布长期面临的问题，很容易陷入恶性循环。

如果婴儿时期就已经出现睡眠问题，并且没有得到控制，这个问题就会持续到成年，变成一个几乎难以承受自身敏感性的高度敏感者。因此，你一定要保证良好的睡眠！

/// 深层心理

深层心理学家主要着重于无意识以及埋藏于无意识中的感受，无论是被压抑下去的，还是在会说话之前体会到的，这些感受会继续控制我们的成年生活。无论是高度敏感的孩子还是成年人，往往存在睡眠问题，更容易出现生动逼真、令人惊恐不已的"原型"梦境，这并不令人意外。随着夜色降临，各种细微的声音和形象开始占据人们的想象力，高度敏感者的感受尤为明显。白天一些陌生的经历也开始浮现出来——当时有些只是隐约注意到，有些则是彻底被压抑下去。我们本来正在努力放松大脑以便入睡，这一切却在意识中搅成一锅粥，翻腾不已。

无论是入睡、保持睡眠状态，还是醒来之后再次入睡，都需要使自己平静下来，在这个世界中感到安全。

卡尔·荣格是明确提到过敏感性的唯一一位深层心理学家，也是深层心理学的奠基者之一，他提出的观点对于改变世人对敏感的看法起到了非常积极的作用。

追溯心理治疗的历史，最早始于西格蒙德·弗洛伊德，当时，对于先天性格（包括一些情感问题）在人格塑造中的作用，存在不少争议。在弗洛伊德之前，医学界主要着重于遗传体质的差异。弗洛伊德希望能证明导致"精神病"（他的专业）的原因在于创伤，尤其是一些令人不安的性经历。卡尔·荣格在很长一段时间内是弗洛伊德的追随者，但两人最终因为对性理论存在分歧而决裂。

荣格认为，人类的基本差异在于遗传到较强还是较弱的敏感性。他认为，高度敏感者如果曾经受到过创伤，无论是否涉及性的方面，他们都会受到严重影响，从而患上精神病。荣格称，还需要注意的是，如果敏感人群在童年时期没有创伤经历，那么他们并不是天生的精神病患者。有人可能会联想到古纳尔的发现，敏感的孩子如果和母亲之间存在安全型关系，面对新事物时就不会感到威胁。

荣格曾写过关于高度敏感者的文章，他曾写道："一个天生敏感的人，会觉得婴儿时期发生在自己身上的事情有着特殊的事件背景、特殊的感受方式。""那些令人印象深刻的事件，肯定会在敏感者身上留下某种印记，而不会就此烟消云散。"后来，荣格开始以更加积极的方式来描述内向型和直觉型的人。荣格认为这类人必须加强自我保护——指的是要保持内向。他认为，这类人是"社会的教育者和推动者……"。

荣格认为，很自然的，这类人更容易受到自身无意识的影响，无意识为他们提供"最重要的信息"，使他们具有"先见之明"。在荣格看来，无意识里包含了值得学习的重要智慧，在生活中如果能够与无意识进行深层交流，一个人的生命将更有影响力，更能取得令人满意的结果。

/// 敏感切实存在，无须烦恼

听了罗布的故事，了解了卡根、古纳尔和荣格的研究之后，你应该已经完全确信，你的敏感特质是切实存在的，你是与众不同的。在下一章里，你会了解到，应该怎样做才能和自己与众不同、高度敏感的身体建立起和谐的关系，度过健康的一生。

实际应用
了解你的深层反应

为了了解这些更深层反应，你需要深入身体的深处、情感的深处，探索更基础、更本能的意识领域，也就是荣格口中的"无意识"。这里存在着你身上被忽略、被遗忘的那部分自我，根据你所了解的东西，他可能会感到威胁，可能会轻松自如，可能会十分兴奋，也可能会充满悲伤。

呼吸。

有意识地用腹式呼吸法。注意要用到体内的横膈膜：先用嘴巴使劲呼出一口气，就像吹气球一样，这时腹部会内收；然后吸气，吸入气体时会自动用到胃部，吸气时应轻松自如，只有呼气时用力。等你习惯了腹式呼吸之后，呼气也可以不必太用力，也不必通过嘴巴。

创造安全空间。

平静下来之后，你需要在想象中创造一个安全的空间，欢迎一切事物进入其中。任何感觉都可以进入你的意识。比如身体上的感觉——背部疼痛、喉咙紧张、胃里不舒服。让感觉自行发展，自行告诉你它要展现的是什么。也许你还会看见一掠而过的画面、听到声音、注意到某种情感，或者出现一系列的感觉——身体上的感觉可能变成画面，声音可能会表达出你体会到的情感。

注意自己在这种平静的状态下体会到的一切感觉。如果你需要把这些感受表达出来，如果你想笑、想哭、想发怒，只管按自己的想法去做。

重新体会并表达。

从这种状态中解脱出来之后，回忆一下刚刚发生的事情。注意是什么激起了你刚才的感觉。是你所读到的内容，还是你在阅读过程中想到的、回忆起的内容？你的感受和你的敏感特质有何关系？

把你的心得用语言表达出来。在心里好好想一想，也可以告诉别人，或者写下来。在阅读这本书的过程中，你如果能把自己的心路历程都记录下来，会有很大帮助。

第 3 章

请呵护你的身体自我

照料自己。倾听自己。
为敏感创造一个安全的港湾。

/// 身体与婴儿

高度敏感者往往也有高度敏感的身体，了解自己高度敏感的身体有何需要，往往出乎意料地困难。可以通过一个比喻来描述——对待你的身体，就像对待婴儿一样。也许这根本不能算是比喻，而是一个事实。

想一想婴儿与身体的共同点是什么？首先，两者在没有受到过度刺激、不累也不饿时都非常知足，也很愿意配合。其次，婴儿和敏感的身体感到疲惫时，在很大程度上都无法自己改变现状。身为婴儿的你要靠照料者来满足简单的基本需要，而现在，你的身体要靠你自己照料了。

婴儿和身体都无法用语言来描述自己的苦恼，只能发出越来越强的求助信号，要不然就出现非常严重的病状，让你无法忽视。聪明的照料者会在婴儿/身体自我第一次发出求助信号后，立即作出反应，这样可以避免很多麻烦。

最后，就像我在上一章中提到的，照料者不应因为害怕宠坏婴儿/身体自我，就"随他去哭"。研究证明，如果在婴儿很小的时候，一哭就马上去照料他,那么他长大一点后只会哭得更少,不会越来越多(但如果照料的方式只会加剧过度刺激,那又另当别论)。

婴儿/身体自我是敏感方面的专家。他从出生那天开始就已经是敏感的了。他知道当时最困难的是什么,现在又是什么。他知道你缺少的是什么,你从父母或其他照料者那里学会了怎样照料他,他现在需要什么,以后你又会怎样照料他。从这里开始,好好照料自己的身体,就像照料最初那个婴儿自我一样,用一句谚语来说就是:"良好的开端是成功的一半。"

/// 你和你的照料者

大约一半以上的婴儿是由称职的父母抚养成人的,因此他们成为所谓的具有"安全型关系"的孩子。这个术语来源于生物学。所有刚出生的灵长类动物都会依赖母亲,而大多数母亲也愿意让孩子紧紧地、安全地依靠着自己。

婴儿长大一点之后,在感到安全的情况下,会开始探索周围环境,试着独立去做事情。母亲会对此感到高兴——在旁边照看着,随时准备帮孩子解决麻烦,同时也很开心,她的小不点儿正在长大。这里仍然存在着一种无形的联系。一旦发生危险,他们的身体又会抱到一起,孩子依赖着母亲。这就是安全感。

偶尔出于各种原因(通常与父母自身的成长经历有关),没有经验的照料者可能会向婴儿传达以下两种信号。一种信号是:外部世界非常可怕,或者照料者太紧张、孩子太脆弱,婴儿必须紧紧地依赖着他。于是孩子不怎么敢探索外部世界。也许照料者不希望孩子去探索,或者如果孩子不愿意依赖他,就会不管孩子。这些孩子对于自己和照料者之间的关系,要么总是焦虑不安,要么全副心思都放在这上面。

　　婴儿可能收到的另一种信号是：照料者很危险，最好躲开他，或者他更喜欢不惹麻烦、非常独立的孩子。也许照料者太过忙碌，顾不上管孩子。有些人感到愤怒或绝望时，甚至偶尔会希望婴儿消失或干脆死掉。在这种情况下，婴儿会尽可能不去依赖照料者。这类婴儿被称为回避型。与父亲或母亲分开时，他们会显得漠不关心（当然，也有时候孩子会和父母中的一方建立起安全型关系，另一方则不然）。

　　最初的这种依赖关系，会使我们产生一种长期的心理，知道可以从亲近的人和我们所依靠的人那里期待些什么。虽然这可能会使我们过于教条，失去很多机会，但是，尽可能符合你最初的照料者对依赖关系的需求，这关系到你的生存。即使已经不再是事关生死存亡的时候，这种惯性仍然存在，相当顽固。无论哪一种关系——安全型、焦虑型、回避型——都要遵循相应的规则行事，这样才能保护你，让你避免犯下危险的错误。

/// 安全感与高度敏感的身体

　　在成长过程中感受到安全型关系的高度敏感者，知道自己可以很好地处理过度刺激。他们通过观察优秀的照料者都为自己做些什么，渐渐学会了怎样好好地照料自己。

　　你的身体也在学习自我照料，以免每次面对全新体验时都仿佛感受到威胁而作出反应。如果身体不产生太大的反应，就不会感到痛苦，不会长期处于激动状态。你会发现，自己的身体是个可以信赖的朋友。同时，你也会逐渐认识到，自己有着特殊的身体、敏感的神经系统。只要你已经学会了什么时候应该积极主动，什么时候应该缓一缓，什么时候不妨先打退堂鼓，什么时候不妨休息一下稍后再说就好。

然而，就像人群中总有不同的人一样，高度敏感者中大约有一半人的父母并不那么理想。所以你确实有必要面对自己曾经缺失的东西。你是个敏感的人，不称职的父母对你产生的影响尤为明显。你需要理解，这种问题并不少见。

童年时代缺乏安全感的人，现在也需要面对这一点，这样你才能对自己更耐心。关键是，你要了解自己缺少什么，这样才能成为你的婴儿/身体自我的另一种不同的父母。你很可能并没有好好照料自己——对自己的身体要么忽略，要么过度保护、谨慎过头。几乎可以肯定，你对待自己身体的态度，是参照了那个不怎么样的最初照料者照料你的方式（有时候会以相反的方式作出过度反应）。

让我们来看看，称职和不称职的照料者究竟都有何特点。先来看看新生儿的照料者——或者当你的身体像新生儿一样感到虚弱无助时的照料者。

一位好母亲，在抱孩子的过程中就能起到避免孩子受到过度刺激的作用。她凭感觉知道多大程度的刺激是孩子愿意接受的，多大程度是可以容忍的。在适当的怀抱环境中，婴儿能够自由自在地发展自我，不需要对一切都做出反应。在最佳的怀抱中，婴儿可以在避免外部干扰的情况下形成自我。

如果没有一个适当的怀抱，如果婴儿/身体被干扰、被忽视，或者甚至被虐待，就会受到过于强烈的刺激。如果唯一的应对方式就是停止感觉，仿佛自己不复存在，久而久之会形成一种"游离于外"的习惯，以此作为保护自己的屏障。在这一阶段，过度刺激也会对自我发展产生干扰，不得不把全部力量都用来保护自己不受外部世界的干扰——整个世界都是危险的。

当婴儿年龄稍大一点的时候，如果身体感到安全，就愿意进入外部世界、探索各种事物。在这个阶段，对于敏感的婴儿/身体来说，一个保护过度的照料者要比漠不关心的照料者问题更大。在婴儿时期，或者在我们感到脆弱的时候，如果不断干扰、阻止婴儿/身体的探索，恰恰会成为过度刺激和忧虑的来源。在这一阶段，忧心忡忡的过度保护会阻碍探索精神和独立性。婴儿/身体如果始终受到无微不至的关注，反而无法自由、自信地执行各项功能。

例如，让婴儿/身体感到一点点饥饿或一点点寒冷，让他稍微哭闹一下，这有助于使他了解自己的需要。如果照料者在婴儿/身体还没觉得饿时就喂奶，他就会失去与自身本能的联系。如果婴儿/身体每次探索外部世界时都会受到阻挠，他不可能习惯外部世界。于是照料者进一步强化了一个印象：世界充满威胁，婴儿/身体在外面无法生存。他没有任何机会学习怎样避开、处理或忍受过度激动的状态，感觉一切都始终是陌生的、会令人过度激动的。

> 可以问问父母你 2 岁以内的情况，比如显得很开心、挑剔、让人费劲；不会烦人、不好好睡觉、体弱多病；爱生气、容易疲劳、时常微笑、漂亮；喂饭会很麻烦、学走路早；被好几个照料者抚养过，或很少被交给保姆或放在托儿所；胆小、害羞、自得其乐、总是很专心。
>
> 注意他们经常用来形容你的那些词语，比如我被形容为"她从来不给任何人带来麻烦"。要注意那些激起你的感情、令你感到困惑和抵触的话语。还有一些似乎被过度强调的内容，其实仔细想想，很多时候事实恰恰相反。比如，一个患哮喘的孩子被形容为"一点儿也不烦人"。
>
> 现在，想一想你的照料者对你的婴儿/身体自我的

看法,以及你自己现在的看法,是否存在类似差异。他们对于你的描述真的符合你吗?哪些其实是他们自己的担心和抵触,而你如今已经能够摆脱?你现在仍然觉得自己体弱多病吗?如果是的话,了解一下自己儿时病情的详细情况——你的身体仍然记得当时的疾病和痛苦。

还有,"学走路早"又意味着什么?要靠成绩和成就来吸引你家里人的注意力吗?不管怎么说,如果身体表现得不能让你满意,你还会爱它吗?

/// 参与过度与封闭过度

正如存在两种不称职的照料者(保护不足和保护过度),高度敏感者照料自己的身体时,同样也存在两种不恰当的方式。你可能会推动自己参与过度——太多的工作、冒险或探索,使自己受到过度刺激;也可能会令自己封闭过度——过度保护自己,虽然你渴望和其他人一起参与到外部世界中。

所谓"过度",是指超出你真正喜欢的限度,超出了让你感觉良好的限度,超出了你的身体能够承受的限度。不要理会别人告诉你是不是"过度"了。有些高度敏感者,也许确实始终处于参与或封闭状态,至少在生活中某一个阶段是这样,而且感觉良好。我指的并不是这种情况。

我们的意识决定了我们很容易因为反应过度或者想要补偿而做出完全相反的行为。我们更有可能在两个极端之间来回摇摆,或者在生活的不同方面体现出不同的极端(例如,工作上做得过火,私人关系上却保护过度;忽视精神健康却过于注重身体健康)。你应该克服这一切,好好对待自己的身体。

另外,童年时经历过安全型关系的人,也许会奇怪自己为什么也挣扎于两个极端之间。其实我们的生活环境、社会文化、亚文化、工作文化、朋友以及我们的其他性格特点,都可能导致我们太过趋向于某一极端。

自我测试
是参与过度,还是封闭过度?

阅读下列各条,和你的情况完全相符得 3 分,根据情况,比较符合和不好说是否符合得 2 分,基本不符合得 1 分。

1. 我经常感受到过分激动、受到过度刺激、压力过大所产生的短期影响——如脸红、心跳加速、呼吸急促、胃部痉挛、双手出汗或发抖,突然无缘无故地想哭、惊慌失措。
2. 我也被激动状态的长期影响困扰——苦恼焦虑的感觉、消化不良、缺乏食欲、失眠、睡眠质量不佳。
3. 我会努力面对可能使我过度激动的状况。
4. 一周内,我留在家里的时间要比出门的时间多(仔细计算时间,只计入有效活动时间,排除睡眠时间,以及穿脱衣服、洗澡等用去的一两个小时)。
5. 一周内,我独处的时间要比和别人在一起的时间多(计算方法同上一题)。
6. 我会强迫自己去做害怕的事情。
7. 我不愿意出门时也会逼着自己出去。
8. 人们会说我工作太辛苦了。

9. 我一旦注意到自己的体力、精神或情感表现出过度的压力，会立即停下来休息，换一些其他需要做的事情。
10. 我会摄入咖啡、酒精、药物之类的东西——使自己保持适当的激动程度。
11. 在黑暗的剧院里以及听课的时候，如果内容不怎么令我感兴趣，我很容易打瞌睡。
12. 我会在半夜或早上很早的时候醒来，然后就怎么也睡不着了。
13. 我没时间好好吃饭，也没时间锻炼身体。

把4、5、9题之外的答案加起来，然后再减去4、5、9题的答案之和。分数为27表明"参与"性最强烈，分数为1表明"封闭"性最强烈。中间分数为14分。如果你的分数小于等于10分，需要反思一下封闭过度的问题。如果你的分数大于等于20分，就读一读下一部分中关于参与过度的问题。

/// 封闭过度

有些高度敏感者，因为觉得自己根本无法参与社会，也根本不可能在社会上生存下去，于是会采取逃避的态度，他们会认为自己太过与众不同、太脆弱，也许还会觉得自己有着太多的缺点。

我完全同意，如果你把自己与那些完全不敏感、冒冒失失的人相比较的话，你们参与社会的方式不可能相同。有很多高度敏感者找到了适合自己的社会参与方式，成功地走进这个世界，并享受其中，同时也留出了充分的时间待在家里，享受丰富而宁静的内心生活。

随着重新认识自己的身体，你需要了解的第一件事就是：越是避免受到刺激，受到刺激时就会变得越激动。

有一位冥想教师曾经讲过这样一个故事：有个人想要过一种完全没有压力的生活，于是躲进山洞里，希望在日夜冥想中度过余生。但没过多久他就从山洞里出来了，因为山洞里的滴水声也会使他烦躁不安、不知所措。

这个故事的寓意是：至少在一定程度上，压力是始终存在的，因为我们身上的敏感性不会消失。我们需要的是一种与压力共存的全新生活方式。

第二件事情是，身体做一件事情做得越多——看向窗外、打保龄球、旅行、当众发言等——就会觉得困难程度和激动程度越低。这就是所谓的习惯成自然。如果是一种技能，你也会掌握得越来越好。例如，对高度敏感者来说，独自去国外旅行会带来太大的压力。你也许一直都选择回避其中的某些方面。但你做得次数越多，事情就变得越容易，你也会更了解自己喜欢什么，不喜欢什么。

如果希望逐渐忍受这个社会，进一步享受其中的乐趣，方法就是，让自己参与到社会中去。

/// 参与过度

如果说封闭过度的根源在于相信婴儿/身体自我是有缺陷的，那么参与过度的根源也同样是负面的。这说明你对他没有多少爱，所以你会忽视他、虐待他。

这种态度不一定完全来自父母。美国文化崇尚竞争、追求卓越，不去力争上游的人仿佛就是毫无价值、一无是处的旁观者。你的身材是否完美？你的各种爱好怎么样？你的烹饪或园艺水平如何？还有家庭生活——你的婚姻生活是否美满？你的性生活是否和谐？你

第 3 章 请呵护你的身体自我

是否尽可能把孩子培养成出色的人才?

在这一切压力之下,你的婴儿/身体自我开始反抗,发出忧虑不安的信号。而我们的反应是,想办法让它坚强起来,或者服药使之恢复平静。于是开始出现与压力相关的慢性症状,如消化不良、肌肉紧张、长期疲劳、失眠、偏头痛,或者免疫系统低下,容易感冒发热等。

要停止这种自我伤害,首先你需要承认现实,这也有助于找到引起伤害的根源所在:是这个社会追求尽善尽美所致?是想要超过兄弟姐妹的好胜心?是希望证明自己并没有缺陷,也不是"过于敏感"?是想要赢得父母的爱,甚至只是想让他们注意你?是想证明自己的天赋没有辜负他们的希望?还是你觉得这个世界没有你就不能运转?你是否觉得自己能够控制一切,自以为完美无缺、至高无上?

高度敏感者之所以会强迫自己的身体拼命工作,还有另一个原因,那就是他们敏锐的直觉,他们会不断涌现出充满创意的想法。他们希望能够实现所有的创意。

结果呢?你当然办不到。你必须学会做出选择。什么都想做,也是一种自大的心理,只会伤害你自己的身体。

我曾经做过一个梦——梦到周围冒出来很多浑身冒着火苗的无头怪要抓我,挡也挡不住——早上醒来,我联想到迪斯尼动画片《魔法师的学徒》:

> 米老鼠是魔法师的学徒,他施法术把扫帚变活,让扫帚替他去做师傅交代的工作:把贮水池装满水。这倒并不是因为米老鼠懒惰——而是因为他太傲慢自大了,不愿意去做这种低级劳动,亲自去做实在太浪费时间了。可是米老鼠开得了头,却收不了尾。扫帚只会一个劲地灌水,房子被淹了也停不下来,米老鼠只好把扫帚劈碎,可是碎片又变为成千上万只无头扫帚,

还是不停地往池子里灌水，米老鼠自己也被淹没了，这就是他那些聪明点子带来的结果。

如果你有太多的聪明点子，然后把自己的身体当作没有生命的扫帚一样对待，那么你可以想象一下身体会怎样报复你。

米老鼠想成为魔法师的学徒，这倒是个不错的选择——这个形象往往就是美国文化中普通人的代表——十分乐观、精力充沛。这些特点好的一面在于，我们会坚信，只要吃苦耐劳、聪明伶俐，世上没有我们办不到的事情。任何人都可以成为总统、富翁或是明星。但这种优点同样有着"阴暗面"或危险的一面（任何优点都有其阴暗面），生活会因此而成为一场野蛮的竞争。

/// 保持平衡

你在多大程度上参与社会，又在多大程度上封闭自我，每个人对这个问题的答案不同，也会随着时间而变化。对于大多数人来说，缺少时间和金钱会导致他们很难保持平衡。我们总是不得不作出选择或排出优先次序。但高度敏感者非常认真负责，总是把自身的需求放在后面考虑，或者至少没给自己留出足够的休息时间，足够的学习新技能的机会。实际上，我们很需要这些时间和机会。

如果你封闭过度，请牢记，有着充分证据表明：社会需要你，也需要你的敏感性；如果你参与过度，同样有证据证明：如果你充分休息、适当娱乐，反而能够更好地履行自己的责任。

一位高度敏感者给出了明智的建议：

> 你需要彻底了解这种敏感特质。如果你听之任之，这很可能成为你的阻碍或借口……就像我自己，我曾经非常胆怯，真

想下半辈子就一个人待在家里。但这样做会把自己毁了。于是我走出去接触外部世界,然后再回来融会贯通消化。

创意非凡的人需要时间独处,但独处的时间又不能太长。如果你避世隐居,你就失去了现实的感觉,失去了适应能力,与此同时也就失去了你丰富的创意联想。

年龄的增长也可能会使你与现实失去联系,使你无法适应变化。所以,年纪越大,越需要与外界接触。随着年龄渐长,你也会日益充满魅力。尤其是如果你全面发展自我,而不仅仅加强敏感特质的话,你的性格会变得更加魅力四射。

但是一定要和自己的身体协调一致。身体的敏感性,是你能够利用的最大财富。身体能够指引你,如果你能对自己的身体敞开心扉,彼此之间的关系会更加和谐。当然,敏感的人往往想要关上自己与外界之间的门,关上自己与身体之间的门,于是身体变得忧虑不安。你不应该这样做,自我表达才是更好的做法。

/// 各种类型的休息

婴儿需要大量的休息时间,高度敏感的身体也一样。我们需要各种各样的休息。

首先,我们需要睡眠。如果你有睡眠问题,那就把睡眠当作最优先的任务吧。针对长期睡眠不足的研究发现:如果一个人可以想睡多久就睡多久,只要两个星期就可以补够觉,不再出现缺乏睡眠的迹象(表现为入睡非常快,或者在光线暗的房间里会睡着)。如果你表现出欠着"睡眠债"的迹象,需要定期安排一些空闲时间,除了睡觉什么也不做,想睡多久就睡多久。你睡觉的时间一定会令你自己都吃惊不已。

　　高度敏感者与一般人相比，尤其不适合夜班或三班倒的工作，而且调整时差也比较慢。这方面没什么办法。最好不要安排短时间内跨越几个时区的旅行，至少不要指望能够享受这种旅行。

　　如果你有失眠问题，你会从各种地方看到无数建议，甚至还有专门治疗失眠的诊所。但高度敏感者有一些需要特别注意的地方。首先，要尊重身体自然的生物钟，困了马上就休息。习惯早起的人晚上可以早点睡，而夜猫子们的问题更严重，你需要尽可能晚些起床。

　　研究睡眠的专家一般会建议人们，床应该只在睡觉时才用，如果睡不着就起床。但我发现，高度敏感者无论有没有真正睡着，只要闭着眼睛在床上躺9个小时，状态就会变得更好。因为有80%的感官刺激是经由眼睛进入大脑的，只要闭着眼睛休息就能真正休息一下。

　　醒着躺在床上的问题在于，有些人开始忧心忡忡，胡思乱想，于是陷入过激状态。如果这样，你最好在床上看书，要不就起床，好好想想脑子里的问题，把你的想法或解决办法写下来，然后再上床睡觉。我们每个人都面临许多问题，这些问题因人而异，睡眠问题也是这样，必须对症下药，找到适合自己的解决方法。

　　我们还需要其他类型的休息。高度敏感者一般责任心很强，凡事追求完美。在我们手头工作的全部细节完成之前，我们都没办法去"玩"。这些细节就像一根根针，不断刺得我们变得激动。这样一来，我们就很难放松，很难玩得开心。婴儿/身体自我是想去玩的，而且在玩的过程中会产生内啡肽以及其他释放压力的良好变化。如果你正处于压力中或其他强烈情感中，开始失眠，或者表现出另一些失去平衡的迹象，你应该强迫自己多安排一些玩的时间。

　　怎样才能玩得开心呢？注意，不要让不敏感者占据你的世界，代替你决定什么比较好玩。在很多高度敏感者看来，按照自己的节奏读一本好书、稍微做点园艺工作，或者在家里安安静静地吃顿饭，慢慢做、慢慢吃，这些都是很有乐趣的。同一天上午挤满了一大堆活动，在你看来完全称不上乐趣。而且，也许你早上刚开始活动还没问题，到了下午就完全不一样了。所以，最好安排一些缓解压力的活动。如果你打算和别人一起玩，一定要事先提醒他们，万一你中途退出，他们也不至于感觉受到侮辱或伤害。

安排度假计划时还要考虑到，你可能会临时决定提前回家，或者停留在某个地方不再继续这次旅途，于是会损失机票和定金。最好提前做好承受这些损失的心理准备。

除了睡眠和娱乐之外，高度敏感者还需要很多"停机时间"，让自己放松一下，回顾当天发生的事情。有时候，我们会在开车、洗碗、收拾花园的同时这样做。

还有另一种休息方式，也是最本质的休息方式，即所谓的"超然状态"——也就是超越一切之上，一般是通过冥想、沉思、祈祷的方式进行。处于超然状态中时，至少一部分时间应该尽可能让自己忘掉一切日常琐事，沉浸在纯粹的意识、纯粹的存在、纯粹的和谐中，或者与上帝融为一体。即使只能短暂进入超然状态，等你回到现实中后，也必然能够从更广阔、更新鲜的角度来看待自己的生活。

当然，睡眠也能使你不再局限于狭窄的心理状态。但人们睡觉时，大脑处于另一种不同的状态。其实，大脑在每一种活动中所处的状态都是不同的——睡眠、玩耍、冥想——所以，最好把各种活动结合起来。不过，一定要做一些以纯粹的意识为目标的冥想，不涉及身体活动，也不需要专注或努力。毫无疑问，这种状态能够带来最深层的休息，同时意识仍然保持觉醒。

关于"超然状态冥想"的研究表明，人们确实能够进入这种状态，冥想者身上普遍体现出的结果是，令人烦躁不安的长期激动状态减轻了（冥想者血液中的皮质醇降低了），就好像冥想能够满足他们对于安全性和内在力量的需求。

当然，你也需要注意饮食合理、多做锻炼。这一点因人而异，有很多其他书籍就这方面给出了建议。一定要了解一下哪些食物能够使身体冷静下来、帮助睡眠。注意摄入足够的维生素和矿物质——例如镁——对压力和过度激动的状态都很有效。

如果你已经习惯了喝咖啡，咖啡很可能已经无法使你兴奋起来，除非喝得比平时更多。但对于高度敏感者来说，咖啡因是一种强劲的药物。如果你想和周围的人一样，偶尔喝杯咖啡提神，认为这能使自己超常发挥，那么你一定要小心。例如，如果你是个习惯早起的人，平时不喝咖啡，但某一天早晨，为了参加一次重要的考试或面试，特意喝了一杯咖啡，这反而会使你处于过度激动的状态，表现得更糟。

/// 防止过度激动的对策

一位称职的照料者能想出很多方法来安抚婴儿。有些办法更侧重于心理，有些则更侧重于生理。但这两类方法会互相影响。不妨根据你的直觉选择适合自己的方法。无论哪种方法都需要采取行动——站起来，走向婴儿，做些什么。

比如，你走进纽约宾夕法尼亚车站，有些不知所措，开始感到害怕。你需要采取心理上和生理上的措施，使婴儿/身体自我不要感到焦躁不安。在这种情况下，也许最好从心理角度克服恐惧和不安：这里并不是挤满了危险陌生人的喧闹的地狱，无非是一个比较大的火车站罢了，你以前也不是没见过，这里只是挤满了很多普通人，都要前往自己的目的地，如果你开口求助，很多人都会帮助你。

还有其他一些心理疗法有助于应对过度激动的状态：

- 换个角度来看待当前的状况。
- 反复念诵某些词语、祷文、咒语，通过平日的练习，这些话语可以令你内心深处平静下来。
- 从旁观者的角度看待自己过度激动的状态。
- 喜欢上当前的状况。
- 喜欢上过度激动的状态。

换个角度看待当前状况时，要注意其中熟悉和友好的部分与你曾经处理良好的事情类似的方面。

反复念诵咒语或祷文时，如果你的意识仍然不断回忆使之激动的事情，这时关键是你自己不能失去信心，不要停下来，继续念诵，无论如何也会变得稍微冷静一点。

想象自己是个旁观者，就站在一边看着自己，也许还会和一个能够带来安慰的虚拟人物谈论你自己："安又出问题了，她快要被压垮了，仿佛即将崩溃。我确实能够体会她的心情。这种状况下，她必然只能看到眼前。明天如果她休息够了，就能再次精神抖擞地面对自己的工作。安现在需要休息，无论还有多少事情要做。等她休息好了，就一切顺利了。"

喜欢上当前的状况，这话听起来像是开玩笑，但其实很重要。一个心胸开阔、热爱生活的人，会对整个世界敞开心扉，与之形成鲜明对比的，则是紧缩回内心世界的过度激动的人。如果你无法喜欢上当前的状况，那么最根本的、至关重要的是，即使你不喜欢这种状况，也必须喜欢上处于这种状况中的自己。

别忘了借助音乐的力量改变自己的心情（军队里要有乐队和号手），但要注意，大多数高度敏感者听音乐时会受到强烈影响，所以关键是要选择合适的音乐。如果你已经相当激动，不要听那些充满感情、会使你联想起往事的音乐（大多数人在并不激动时对这种音乐百听不厌），避免使自己更加心乱如麻。这种时候，如泣如诉的小提琴曲是很不合适的。当然，由于任何音乐都会增强刺激，只有当你确定音乐能够安抚你的时候，才能使用这种方法。音乐的作用是转移注意力。有时候你需要转移注意力，而另一些时候，你需要全神贯注。

不过，由于我们面对的是自己的身体，生理疗法也同样值得一试。下面列出了一些纯粹生理方面的对策：

- 离开一下！
- 闭上眼睛，把一部分外界刺激挡在外面。
- 时时休息一下。
- 到户外活动。
- 让水带走压力。
- 散步。
- 让呼吸平静下来。
- 换个更放松、更有自信的姿势。
- 动一动！
- 温柔地微笑。

令人吃惊的是，我们常常想不起来，只要采取些行动就能摆脱目前的状况。要么休息一下，要么把这种状况——工作、讨论、争议——带到户外去解决。很多高度敏感者发现，大自然能够深入抚慰自己的心灵。

水也会带来很大的帮助。处于过度激动的状态中时，不妨一直喝水——每个小时喝一大杯；到水边去散步，欣赏流水、倾听流水声。如果可能的话，跳进水里洗个澡，游个泳。浴室和温泉一直都很受人欢迎，不是没有理由的。

散步也是放松身心的一种基本方法。熟悉的节奏能够令人舒缓下来。缓慢呼吸的节奏也是如此，尤其是腹式呼吸。略微用力缓缓呼出一口气，像吹蜡烛一样。或者只是专注于自己的呼吸——这位老朋友会帮你平静下来。

意识常常会模仿身体。你也许曾注意到，自己散步时身体一直略向前倾，仿佛正在奔向未来，这时你的心情也会跟着急促。所以，你应该让身体保持重心平衡，别垂下肩膀、低着头，好像挑着一副重担似的。直起身来，卸下这个重担。

无论睡着还是醒着，你也许都喜欢耸起肩膀，把头埋下去，这是一个下意识自我保护的姿势，希望自己能避免处于刺激和激动的狂风骤雨中。你应该舒展身体，站立时抬起头，肩膀打开向后，把上身的重心落在躯干和脚上，这样就能毫不费力地保持平衡。双脚感受着坚实的大地。稍微弯下膝盖，深深地做一下腹式呼吸，感觉一下身体的重心。

试着模仿别人镇定自若、心平气和时的姿态。身体向后靠，保持放松。或者站起来，走向你喜欢的地方。让自己的"接近系统"活跃起来。你也可以模仿别人感到发怒和蔑视时的举动：晃动拳头、满脸怒容、收拾好自己的东西准备走人等。你的意识会模仿你的身体。

最关键的是，要保持自我，按自己希望的方式活动。过度激动的高度敏感者很容易陷入"呆立不动"的状态，而无法做出"战斗"或"逃跑"的反应。保持放松的姿态、自由活动，可以打破那种僵硬的紧张感。但如果你十分慌乱，浑身颤抖，最好停止动作。

微笑一下吧！这是一个只给自己的微笑，为什么微笑并不重要。

/// 生命的港湾

你的生活中随处可见这类安全的港湾。有些是有形的——你的房屋、汽车、办公室、邻居、村舍或船舱、山谷或山顶、树林或海滩、特定的服装、喜爱的公共场所，如教堂和图书馆。

而最重要的港湾则是你生命中最珍视的人们：配偶、父母、孩子、兄弟姐妹、祖父母、亲密朋友、精神导师或心理医生。还有一些不易触摸的港湾：你的工作、记忆中的美好时光、一些再也见不到却仍然活在记忆中的人、你最深刻的信念和生活哲学、祈祷或冥想时的内心世界。

有形的港湾也许表面上看来最可靠、最有价值，特别是对婴儿/身体自我来说。但其实无形的港湾才是最可靠的。很多人说，他们之所以能在压力巨大或极为危险的情况下保持头脑清醒，靠的就是退回到无形的港湾中。无论发生什么，没有任何人、任何事情能够夺走他们内心深处的爱、信念、创造性思维、心理训练或精神修炼。如果你的安全感更多地来自无形的港湾，说明你已逐渐拥有成熟的智慧。

也许，最高境界是能够把整个宇宙看作我们的港湾，把我们的身体视为整个宇宙的缩影，这里不存在界限。这就是某种意义的开悟。但我们大多数人目前还需要一个有形的港湾。只要我们仍然存在于肉体中，无论是否已开悟，我们仍然需要有形的安全感，或者至少是类似的感觉。

/// 界限

显然,界限的概念是与港湾密切相关的。界限应该是灵活的,把你想要的东西纳入内部,不想要的关到外面。不过你得注意,别把所有的人一律关在门外,还要控制好自己想和别人融为一体的冲动。亲近他人是好事,但是不能长此以往,否则你会丧失一切自主权。

很多高度敏感者告诉我,他们面临的一个主要问题就是界限不清——他们往往会被与自己无关的事情缠住;有太多的人会使他们感到痛苦;他们会说出不该说的话,会卷入别人的困境中;与他人之间的关系发展得太快太亲密,与错误的人交往。

这里有一项基本规则:界限是需要练习的!界限就是你的权利、你的责任、你最主要的尊严所在。定下一个良好界限的目标。如果你不小心偶尔失误,也不必太担心,要多注意自己已经取得的成果。

你需要设立起良好的界限,除了上述理由外,还有一个原因是,当你觉得自己已经到了极限,再也承受不了外界刺激时,可以利用界限来阻挡刺激。我曾经见过几个高度敏感者,他们可以按照自己的想法把环境中几乎所有的刺激都挡在外面(其中一个人是在城市安居工程中非常拥挤的小房子里长大的,表现得尤为明显)。拥有这种能力是多么方便啊!不过"按照自己的想法"这个前提很重要。我指的并不是不情愿地远离或是"保持距离",而是可以隔离你周围的人声或其他声音,或者至少可以降低这些声音对你产生的影响。

想练习一下吗?

坐在收音机旁边。想象自己周围存在着某种界限,能够把你不想要的东西拦在外面——这一圈界限可以是光线、力量，或者一位可靠保护者的存在。

打开收音机，试着把收音机里播放的内容阻挡在外面。你也许会听到词语，但不要让这些进入你的意识。

过一会儿，关掉收音机，回想一下自己的感觉。你能否把收音机的声音关在外面？你能感觉到那道界限吗？如果不能，改天再练习一下，总会有进步的。

/// 听，婴儿/身体自我在倾诉

1. 请不要强迫我去做我做不到的事情。你这样做，我会觉得很无助，感觉伤痕累累。拜托了，请你保护我。

2. 我天生如此，无法改变。我知道你有时候会觉得，一定是某种可怕的原因使我变成这样，或者至少使我的情况"进一步恶化"，但这一切应当使你更加同情我。因为这不是我能控制的。无论是什么原因，不要因为我天生如此而责怪我。

3. 这样的我，是绝妙的存在——我会为你带来更加深刻的感受。我确实属于你最好的一部分。

4. 如果可能的话，请经常关注我的情况，同时好好照料我。这样，即使在你做不到的时候，我也仍然相信，你至少是努力想关心我的，我不需要等太久就能等到你的关怀。

5. 如果你不得不要求我暂时先别休息，请你耐心问问我：你还好吗？如果你很生气，想强迫我，我只会更加痛苦，给你带来更多麻烦。

6. 有些人会说，你把我宠坏了。不要相信他们的话，你了解我，你可以自行判断。没错，有时候让我一个人独处，直到哭累了睡着，反而对我更好。但要相信你的直觉。有时候你也知道，如果让我独自一人待着，我会非常焦虑不安。我确实需要很有规律的日常生活，也需要你多加关注，我并没有那么容易被宠坏。

7. 疲惫的时候，我需要睡眠，即使表面上看起来完全清醒。我需要有规律的睡眠、睡前保持心情平静，这对我来说是非常重要的。否则我就会躺在床上翻来覆去几个小时无法入睡。即使睡不着只能醒着，我也需要留出很长一段时间躺在床上。也许我还需要午睡。请你保证我的睡眠时间。

8. 更好地了解我。比如，我觉得在吵吵闹闹的饭店吃饭很傻——在那种地方怎么可能有人吃得下饭？我有很多类似的想法。

9. 我喜欢简单的娱乐、简单的生活。一个星期参加一次聚会就够了。

10. 给我一段时间，我能习惯任何事物，但我无法适应大量的突然变化。请对此有所准备，即使其他人都能做得到，而你不愿意拖后腿，也不要催促我，让我慢慢来。

11. 我并不是希望你过度溺爱我。我尤其不想被你认为是病弱或虚弱的。其实我很聪明、很强大，只是会以我自己的方式表现出来。我真的不希望你整天围着我转，为我担忧。我不想被你和其他人讨厌。最重要的是，我指望大人们能明白以上这些应该怎样做。

12. 请不要忽视我。爱我吧！

13. 喜欢我吧，喜欢我本来的样子。

实际应用
接受婴儿/身体自我给出的建议

找个没有事情要忙也不会被人打扰的时间，一个你觉得自己很坚强、愿意探索自我的时间。下面这些方法也许会令人产生强烈的感受。所以，如果你开始感到压力过大，就慢一点，或者干脆先停下来。以下内容也许做起来很难，因为抗拒心理会使你思想开小差、身体感到不舒服或困倦。会出现这种情况是很自然的，不必担心。你可以试着每次完成一小部分，仔细体会自己的感觉。

| 第一部分 |

首先，仔细阅读全部说明文字，实际做的时候尽量不要再回头看。

1. 你可以像婴儿一样蜷起身体，也可以俯卧或仰卧——找到你最习惯的姿势。

2. 不要用头脑来思考，而是像婴儿那样，用身体从情感上来感受。为了有助于找到感觉，不妨先有意识地做 3 分钟腹部呼吸。

3. 之后，你变成了婴儿时期的自己。你也许觉得已经想不起来当时的感觉了，但是你的身体还记得。让我们从脑海中天气的映像开始——多数时间是晴天还是暴风雨？

或者从你最早的有意识的记忆开始，想象自己是一个婴儿，但有着大一点孩子的理解力。例如，这个大一点的孩子知道最好不要哭喊着求助。一个人独处是最好的。

4. 要明确意识到，你是一个高度敏感的婴儿。

5. 要知道自己最需要什么。

| 第二部分 |

1. 想象一个大概 6 周大、很漂亮的小婴儿，多么甜美，多么娇弱。你意识到自己会尽一切努力来保护这个孩子。

2. 现在，你要意识到，这个可爱的孩子就是你的婴儿/身体自我。要记住这是你想象出来的婴儿。

3. 现在，你看到婴儿开始哭闹。不知道究竟是怎么了。问问婴儿："我能为你做些什么？"然后仔细倾听。这是你的婴儿/身体自我在诉说。

4. 开始和他交谈。如果你觉得很难满足婴儿的需要，不妨告诉他。如果你对什么事情感到抱歉，那就向他道歉。即使你变得愤怒或悲伤，了解自己与婴儿之间的关系仍然是件好事。

5. 可随时重复练习中的任一部分，或者以不同的方式来做。比如，下一次让婴儿/身体自我只进入你的意识中，它可以处于任何年龄，出现在任何环境中。

第 4 章
重塑过去，学会做自己的父母

积累点滴信心和希望来代替沮丧，
任何时候都不嫌晚。

让我们一起回顾你的童年时代。当你读到敏感儿童的典型经历时，会回忆起自己的童年时代。现在你对自己的敏感特质已经有了新的认识，你可以从全新的角度看待过去的经历。

这些经历是至关重要的，就像一株植物，你先天的性格就好像埋入地下的种子——这只是个开始。土质、水质和阳光，都会对植物的生长产生深刻影响，这株植物就是现在的你。如果生长条件恶劣，植物很难长出叶子、开花结果。同样，如果你作为一个孩子，需要表现得完全不敏感才能生存下去，你的敏感特质就不会发芽。

可能存在"两种"高度敏感者：一种称自己会有抑郁和焦虑的问题；另一种则称自己几乎不会出现这类感觉。这两种人的差异相当明显。研究发现，抑郁和焦虑的高度敏感者几乎都经历过痛苦的童年。非高度敏感者们即使童年时代不幸福，也不会变得那么抑郁和焦虑。而拥有快乐童年的高度敏感者，也不会出现这种问题。

无论是谁，都不要把高度敏感与"神经过敏"混为一谈。神经过敏的各种类型包括极度的焦虑、抑郁、过度依恋、逃避亲密关系，一般都与童年时代的问题有关。确实，有些人两种情况兼而有之——有高度敏感的特质，也有神经过敏问题——但二者是完全不同的。人们对于高度敏感者有一些负面偏见（我们天生就是焦虑不安、忧郁沮丧的），原因之一就在于把敏感性和神经过敏、童年创伤的影响混为一谈。让我们共同努力，纠正这种偏见。

很容易理解，为什么不幸的童年对于高度敏感者产生的影响，要比非高度敏感者严重得多。一想起可怕的往事，高度敏感者很容易回忆起所有的细节、各种暗示，或者一次令人感受到威胁的经历。然而，人们很容易低估童年时代的影响，因为有太多重要的事情，都是在我们记事之前发生的。而且，有些重要的事情令人痛苦，于是我们会刻意把它忘掉。如果照料你的人变得很生气，令你感到危险，你会有意识地把这段回忆埋入心底，因为想起来太可怕了，但你内心深处其实已经不知不觉产生一种不信任的感觉。

不过有个好消息是，我们可以努力克服各种负面影响。不少高度敏感者都是这样做的，他们摆脱了大部分抑郁和焦虑情绪。不过这需要时间。

即使你的童年非常幸福，高度敏感性也很可能会使你陷入困境。你感觉自己与众不同。即便你的父母和老师在很多方面都是完美的，他们也不见得知道如何教育性格敏感的孩子。也许只是因为他们不了解这种敏感特质，迫切希望能使你变得"正常"，就像那些"理想"的孩子一样。

需要牢记的最后一点是：敏感的男孩和敏感的女孩，也存在着一定区别。因此，我会不时在本章中提到，你的感受是如何因性别而异的。

/// 玛莎：一个聪明的小姑娘

玛莎是一位年过六旬的高度敏感者，几年来一直在接受我的心理治疗，她希望了解自己的"强迫行为"。她在 40 多岁时成为一位诗人和摄影师，而到了 60 岁，她的作品已经享有盛誉。

虽然她的生活中也有痛苦的部分，但她的父母已经尽了最大的努力。她也能够正确对待自己的过去，并从中汲取经验教训，包括通过内心的方式和艺术的方式。我想，如果你现在问她是否快乐，她会给出肯定的回答。最重要的是，她的智慧始终在不断成长。

玛莎的父母从德国移民到美国后，定居于美国中西部的一个小镇，玛莎是六个孩子里最小的一个。玛莎的姐姐还记得，他们的母亲每次得知自己怀孕的消息都会哭起来。玛莎的姨妈也记得，玛莎的母亲总是情绪非常低落。但是玛莎并不记得她的母亲曾经因为悲伤、抑郁、疲惫或绝望而变得颓废。她是一位称职的家庭主妇，也是一位虔诚的教徒，经常去做礼拜。玛莎的父亲也是一样，每天就是"上班、吃饭、睡觉"。

孩子们倒并不觉得缺少爱。他们的父母顾不上疼爱孩子们，顾不上和他们聊天、带他们度假、辅导家庭作业、传授经验智慧，甚至也未曾给他们买过礼物，但这一切只是因为他们没有时间、没有精力，也没有钱。玛莎有时会把自己和哥哥姐姐们比作6只小鸡，基本上是靠自己长大的。

在之前的章节中提到过三种关系——安全型、焦虑型和回避型——玛莎的幼年时代使她成为回避型的孩子。她不得不做一个不需要任何人的孩子，尽可能不给别人带来麻烦。

/// 与大"野兽"们一起长大

玛莎2岁前，是和三个哥哥睡在一张床上的。唉，这三个哥哥把还是婴儿的小妹妹当作性的实验品，无人管束的孩子有时候就是会做出这种事情。两年后，她终于搬到了姐姐们的房间。她只记得当时"在夜里终于能有一点点安全感了"。但在她12岁之前，仍然

第 4 章 重塑过去，学会做自己的父母

不断受到其中一个哥哥残忍的、赤裸裸的性骚扰。

玛莎的父母完全没有注意到这一切。玛莎相信，如果告状的话，她的父亲肯定会杀掉哥哥们。杀戮就是生活中的一部分。这种事情是完全可能发生的。玛莎记得，家里人经常在后院里砍掉鸡的脑袋，把她吓得目瞪口呆，而别人却都是麻木而漠不关心的态度，这是生活中必不可少的事情。这样看来，玛莎把家里的孩子们比作一群小鸡颇具深意。

除了性骚扰，几个哥哥还喜欢捉弄她、吓唬她，就好像把她当作他们的玩具。玛莎有好几次被吓得晕了过去（高度敏感者很容易成为别人捉弄的对象，因为他们的反应总是很强烈）。不过，凡事都有好坏两面。在哥哥们捉弄她的同时，与那时候的女孩子们相比，她也多了不少新鲜的经历，体会到难得的自由。比起妈妈和姐姐们的消极被动，她更喜欢像哥哥们那样坚强独立，哥哥们成了她的行为榜样——对于一个敏感的女孩来说，这在某种意义上是一段非常宝贵的经历。

玛莎和一个姐姐感情最深，但是这个姐姐在玛莎 13 岁那年死去了。玛莎记得，当时她躺在父母床上，目光茫然无焦点地看着半空，等待着姐姐的消息。她的父母之前就告诉她，如果一个钟头之后他们没有打电话回来，那就意味着姐姐去世了。

整点的钟声响起时，玛莎记得，自己拿起一本书开始读。这又是一次教训——不要和别人建立起太深的感情。

/// 鸡笼里的小仙女

玛莎最初的记忆是，自己还是个赤裸裸的婴儿，躺在阳光里，看尘埃飞舞，那种美丽使她看得入了迷——在这段记忆中，她的敏感性成为快乐的源泉。此后，在她一生中都是这样，尤其是现在，她可以通过自己的艺术作品表现出这种欢乐。

我注意到，玛莎的最初记忆中没有出现其他人。类似的，她的诗歌和摄影作品也更趋向于物体而非人。她的作品中经常出现房屋的画面——门窗紧闭。有些作品中令人印象深刻的大片空白，打动了我们所有人的心，尤其是那些从幼年经历中学会了避免与人亲近的人。

她在治疗期间拍下的一幅摄影作品，画面的前景是几只小鸡，焦点清晰地集中在这里（想一想对于玛莎来说，小鸡的象征意义），而监狱般的鸡笼上的铁丝网和门框则相对模糊一些。最模糊的，则是鸡笼模糊的门上，有一群衣衫褴褛的孩子幽灵般的身影。她的作品另一个主要形象来源于一个梦，她梦见有一个闪闪发光的小仙女在生气，不准任何人进入她居住的秘密花园。

玛莎曾经暴饮暴食、酗酒、滥用不同的药物——已经处于过量的边缘。但她很聪明，生性实际，智商高达135，轻易不会越界。有一次，她梦见自己推着一个饿得直哭的婴儿，周围到处是食物，可是婴儿却什么也不要吃。我们发现，这个婴儿极度渴望的是爱和关注。

/// 安全感的保护

在之前的章节中，我们了解到，你与照料者（一般是你的母亲）之间的关系是非常重要的。一种缺乏安全感的关系，其影响会持续一生，除非成年后与某个人建立起一种独特的安全型关系，比如与配偶之间的关系，或者在接受长期心理治疗的过程中建立的关系。

非治疗型的关系有时无法消除童年时产生的不安全感，比如，你可能会避免建立起亲密关系，强迫自己合群，害怕被人抛弃。在你走进外部世界，下意识地寻找心目中渴求已久的安全感时，由于你对自己寻找的东西缺乏经验，往往会重蹈覆辙，一而再再而三地选择类似的人，那种令你觉得没有安全感的人。

高度敏感者与非高度敏感者相比，成年后更容易出现缺乏安全感的关系，但这并不意味着是敏感特质引起了这种情况。只能说明，在任何一段关系中，敏感的孩子更容易意识到各种细微的暗示。

作为高度敏感者，你学到关于其他人最重要的一课是：当你处于过激状态时，是否可以期待对方的帮助，还是说，他们只会使你的过激状态加重。每一天都会获得经验教训。

斯特恩在他的著作《婴儿日记》中，以母亲和婴儿乔伊之间的"脸对脸"为例说明这个问题。母亲轻声细语，把脸凑近乔伊，然后又离远一点。乔伊微笑着……大声笑起来……看起来很喜欢这样。但到了最后，这对他来说变得过于激烈了。处于过激状态时，乔伊开始避免视线接触，看向旁边，希望不要处于激发状态。

你对于这一切应该已经很熟悉了——乔伊是在寻找第 1 章中所述的最佳激发程度。照料孩子的人一般能感觉到这一点。当婴儿焦躁不安或感到无聊时，照料他们的人就发明出这种脸对脸的游戏，或者其他更加令人激动的游戏，比如对孩子扮鬼脸，或者慢慢接近孩子，同时说："我要抓住你了。"孩子们快乐的惊叫声令成年人也很开心。也许有人认为，把孩子推到极限，有助于锻炼他们的自信心和适应性。不过，如果孩子看起来忧虑不安，大多数成年人都会停下来。脸对脸的游戏也许没什么不同，只是更平和一点、时间更短一点。

母亲可能会在游戏中调整一下，使孩子能够处于感到最舒适的范围内。可是与其他人相处的时候会怎样呢？假如他们和他玩一种更激烈的脸对脸游戏呢？如果孩子移开视线，表示想暂停一下，可是他们仍然靠得很近，或者可能会把孩子的脸扳回来。

也许孩子会闭上眼睛，也许他们会把嘴凑近孩子的耳边尖叫，也许会抱起他挠痒逗他玩，甚至接连几次把他抛向空中再接住。

孩子对自己的激发状态完全失去了控制，甚至会嚎哭起来，人们会理所当然地解释说："他喜欢这样，他喜欢这样的——他只是有点害怕，没关系的……"

/// 你真的喜欢这样吗？

想象一下你自己处在这样的过激状态中。这一切真是令人困惑。你完全无法控制使你处于激发状态的来源。直觉告诉你，通常都是在帮助你的那个人，现在所做的事情完全不是要帮助你——那个人在笑，显得很开心，而且希望你也跟他一样开心。

你到现在也分不清，那件事究竟是你自己喜欢做的，还是只是别人喜欢对你做的、喜欢和你一起做的或者认为你应该喜欢做的，这就是一个原因。

我还记得曾经看到两个人把自己养的小狗带到海边，抛到深水里。主人张开双臂等着，小狗绝望地游向主人，主人再次把它扔到水里。这不仅因为小狗如果不想淹死别无选择，也因为这双手臂曾经为小狗带来了一切保护和食物。于是小狗拼命地摇着尾巴，我想，主人会认为小狗喜欢玩这种"游戏"。也许再过一会儿，甚至连小狗也不确定自己的感觉了。

有一位高度敏感者最早的记忆就是，家庭聚会上大家跳圆圈舞时，自己仿佛变成了"面团"，被一圈陌生人传来传去，虽然这个两岁的孩子哭喊着恳求父母不要玩了，但人们仍然没有停止。重拾这段记忆，再次体验那种长期压抑着的感觉，她意识到，正是因为这次经历（以及其他很可能被她完全压抑下去的情景），她产生了一种不由自主的恐惧感，害怕别人抱她，害怕身体以任何方式被控制住，害怕父母不会保护她。

在刚出生的几年里，你就学会了是否要信任其他人、相信社会。如果你选择信任，虽然你仍然保持敏感性，但几乎不会陷入痛苦的长期激发状态。你知道怎样应对这种情况，一切都处于掌控之中。如果你要求别人停止某种行为，他们就会停下来。你知道你可以信任他们，他们会帮助你，而非进一步加重你的压力。另外，如果你在早期的经历中没有建立起这种信任，就会出现长期的羞怯、焦虑、社交障碍等现象。这不是天生的，而是后天学到的。

这种情况也并不是一成不变的，你也许在某些情况下比另一些情况下更能信任别人。不过，两岁以内的孩子对于这个世界建立起的整体策略或心理表象，无疑是非常持久的。

/// 童年幸福的高度敏感者

许多高度敏感者都有极为幸福的童年，这是有其原因的。印第安纳大学的一位心理学家格温·梅特塔尔研究如何尽可能帮助"情绪不稳定"的父母。她发现，大多数父母会努力了解孩子，把孩子好好抚养长大。敏感的孩子会意识到父母是为了自己好，更加强烈地感受到父母的爱。

高度敏感的孩子和父母之间，往往会建立起特别紧密的纽带。彼此的交流更加细腻，孩子在外界取得的胜利也就更加有意义。"妈妈——我踢进了一个球！"如果踢球的孩子是个高度敏感者，对于他的父母和教练来说，这句话有着完全不同的含义。由于敏感特质是遗传而来的，很可能父母中的一方或双方会非常了解你。

即使你的父母稍微有一点忽视你，也许你仍然会感受到足够的爱，有充分的空间可以按自己喜欢的方式自由成长。也许想象中的人物、书里的角色或者大自然本身，会抚慰你、支持你；在独处时，你的敏感特质会使你比其他孩子更加快乐。还有你的直觉以及其他优秀品质，也可能帮助你与亲人、老师建立起良好的亲密关系。和适当的人相处，即使只有一点点时间，也会产生很大影响。

如果你的家庭生活十分艰难，你也应该明白，这种敏感特质很可能保护了你，使你不至于像别的孩子一样卷入混乱的状况中或感到困惑。而且在伤口愈合的过程中，直觉也会帮助你。针对情感依恋关系进行的研究发现，大多数情况下，我们过去的经历会影响我们怎样对待自己的孩子，但也有些人例外，因为他们已经治愈了最糟的童年创伤。如果你也做出了这种痛苦的努力，你也能成为这样的人。

/// 外部世界中的新恐惧

等你到了上学的年龄，你又会面临新的问题，你的敏感特质会以新的方式帮助你或阻碍你。就像第 2 章中的罗布，广泛的外部世界会进一步激发你的想象力，使你的感觉更加敏锐，能捕捉到别人没有觉察到的一切事物，生活中最细微的美丽会为你带来快乐和感恩。随着你的敏感性面对一个更大的世界，你很可能又会产生新的"毫无理由"的恐惧。

在这个年龄，恐惧感会因为许多原因增长。首先是一个简单的心理条件作用：你会把过激状态下周围发生的一切都与过激状态本身联系起来，于是这就变成了一些令人恐惧的东西。其次，你也许已经认识到，你身上承载着多大的期望，而你的犹豫又是多难获得理解。你的敏感性像"天线"一样接收着其他人的一切感觉信号，甚至连他们想要对你或者对他们自己隐藏起来的情感，你也会察觉到。有些感觉是令人害怕的（假设你的生存取决于这些人），你也许会把自己对他们的了解压抑下去，但你的恐惧仍然存在，会表现为更加"毫无理由"的恐惧。

还有，你对于别人的不适、不满或恼火很敏感，这很可能促使你尽可能遵守每一条规则，做得尽善尽美，唯恐犯错。然而，始终表现良好，意味着你忽略了自己身为正常人的感情——烦躁、沮丧、自私、愤怒。由于你总是迫切地希望取悦他人，当你的需要其实比别人更迫切时，他们反而会忽略你的需要。这只会使你的怒火更加强烈。但这种感觉令人害怕，于是你把它们深深埋入心底。时刻担心这些感觉会爆发出来，也是产生"毫无理由"的恐惧和噩梦的另一个原因。

对于很多人来说，在你刚出生头三年，父母对你的敏感性的耐心就已经消耗得差不多了。也许他们曾经希望你随着慢慢长大克服这个问题。但到了上学的年龄，父母知道这个世界可不会那么温柔地对待你。他们可能会自责，觉得对你保护过度，于是开始逼得你更紧。很可能他们还会去寻求专业人士的帮助，这使你产生了一种更强烈的感觉，自己肯定有什么地方不对劲。在这个年龄，这一切都会使你愈发焦虑。

/// **敏感的小男孩和小女孩**

天生的高度敏感者中，男性和女性一样多。但是随着不断成长，你所处的社会文化开始影响你。对于男孩和女孩应该表现出怎样的行为，各种文化都有着根深蒂固的想法。

我们把性别问题看得很重,简直到了可笑的地步。一位同事曾经给我讲过一项非正式的社会心理学实验:新生儿和保姆一起待在公园里,如果路人向保姆问起孩子,她就说只是暂时照管一下孩子,并不知道这是男孩还是女孩。每个停下来逗孩子的人,都会因不知道孩子的性别而感到非常失望。有些人甚至建议解开孩子的衣服一探究竟。另一些研究解释了性别问题为何如此重要:人们对待男孩和女孩的方式截然不同。

性别问题总是与敏感性问题混为一谈,这一点很值得人玩味。男性不应该是敏感的,女性应该是敏感的。这一切从家里就已经开始表现出来。研究表明,"羞怯"的小男孩不受母亲宠爱,据研究人员称,这"可以说是母亲价值观的体现"——生活一开始就是这样。其他人也会对羞怯的男孩表现出负面的态度,如果那个男孩在家里性情温和的话,更是如此。

与羞怯的男孩相比,羞怯的女孩会和母亲相处得很好,她们是人们眼中的好孩子。在母亲眼中,敏感的女儿就是她最想要的那种孩子,一个不愿意离开家、不应该离开家也无法离开家的女孩子——这一切都成了敏感小女孩探索外部世界、克服自身恐惧的自然动力。

处于任何年龄段的女孩,都会因为母亲对待她们的负面态度——批评、拒绝、冷淡而受到更多的负面影响(如躲避外部世界)。在敏感的女孩身上,这一点尤其明显。而且,父亲往往忽略了要帮助女儿克服恐惧的问题。总之,小女孩更容易受到父母双方的影响,无论这种影响是好是坏。

———怎样应对过激状态的威胁———

如果你做自己的父母,会是怎样一种不同的情形呢?

首先,做一个自我测试,选择与你情况相符的条目。

当我害怕尝试新的事物时,或者当我处于过激状

第 4 章 重塑过去，学会做自己的父母

态的边缘时，我一般会：

1. 想办法躲开这种状况。
2. 寻找控制刺激的方法。
3. 希望能够以某种方式忍耐下去。
4. 感觉更加担心一切事情都会出问题。
5. 寻找我能够信任的人来帮助我，或者至少心里记着还有这样一个人。
6. 躲开所有人，这样至少没有人会使问题更加严重。
7. 努力和大家在一起——朋友、家人、熟悉的群体——或者去教堂、听课、出门到公共场所去。
8. 发誓尽一切可能避开这种情况和所有类似问题，无论为此错过什么。
9. 抱怨、发火，想方设法令刺激的起因不要再让我感到痛苦。
10. 集中注意力先让自己平静下来，凡事一步一步来。

你自己的方法：＿＿＿＿＿＿＿＿＿＿＿＿＿＿＿

这些方法都有一定效果——甚至恐惧也有它的作用，能够促使我们行动起来。但在特定情况下，某些方法会比另一些方法更加有用，所以关键是灵活应用。如果你使用的方法不到三种，你应该再看一遍上面的列表，考虑一下采用更多的方法。

这些方法是谁教你的？以前是否发生过什么事情，使你没有采用更多的方法？回忆一下童年时代是什么影响了你的应对方式，这可以帮助你了解哪些方法现在仍然有用，哪些已经不再需要。

/// 学会做自己的父母

为了让自己愿意尝试新的事物，你需要有面对全新状况并应对自如的丰富经验。对于高度敏感者来说，他们不可能自动地就在新环境中表现良好。父母如果很了解自己高度敏感的孩子，他们会找到一步一步循序渐进的方法。最后，孩子自己也学会了自行应用这套方法。如果你的父母没有教会你这种循序渐进的方法，那么你就需要自己学习怎样通过这种方法面对陌生的环境。

在这里，我摘录了艾丽西亚·利伯曼在《学步幼儿的感情生活》一书中对害羞孩子提出的建议，我们长大成人后害怕面对新环境时也可以借鉴。

1. 就像父母不会让蹒跚学步的幼儿单独进入全新环境一样，你也不要单独面对，要和别人一起去。
2. 就像父母会首先和孩子讨论一下新环境一样，你也可以和自己讨论一下恐惧的部分。把重点放在熟悉的、安全的因素上。
3. 正如父母在孩子过于烦躁时总是允许他们离开一样，需要的时候你也可以允许自己回家。
4. 就像父母相信孩子过一会儿就会没事一样，你也应该相信，过一会儿适应了所有的陌生刺激后，感到害怕的那部分自我会没事的。
5. 就像父母会注意不要对孩子的恐惧做出过度反应一样，如果感到害怕的那部分自我需要帮助时，让更勇敢的那部分自我去帮助它，不要过于焦虑。

还要记住，过激状态可能会被误认为焦虑。作为自己优秀的父母，可以温柔地安慰自己："这里确实有很多事情正在发生，这让你的心激动得怦怦直跳，是吧？"

/// 前进还是退缩

最困难的地方是在多大程度上保护自己，多大程度上推动自己前进，这也是所有敏感孩子的父母都会面临的问题。你知道怎样对自己施加压力，你会仿照你的父母、老师和朋友的做法。高度敏感者几乎都希望在别人面前表现得随和、正常，给人以好感，甚至连一些早已离世的人，你也会继续想让他们满意。他们无法接受你需要缓和冲击的特殊需要，你连这一点也会模仿。的确，大家都希望别人喜欢自己，但是当大部分人觉得太累而放弃时，高度敏感者仍然在努力取悦别人，用上一章的术语来说，你是"参与过度"了。

你也许会模仿别人过度保护自己。有一件事情你很害怕，但却非常渴望做，而且也有能力做到，可是因为没有人帮助你克服害怕而最终没有去做。这就是"封闭过度"了。

如果你的朋友做到了你因为害怕而没有去做的事情，这是多么令人沮丧的事啊。不要低估这种沮丧的感觉，这种气馁的感觉到你成年的时候会依然如故，你看到朋友们个个事业有成、旅游、搬家、结识新朋友，做到了你害怕去做的事情，那种沮丧的感觉又会出现。然而在你内心深处，你知道自己的天分、热情、潜力并不比他们逊色，也许更出色。

嫉妒会唤醒我们面对一条真理：如果我们想要某种东西，最好趁来得及的时候赶紧努力，否则我们就只能空想，什么也得不到。正如第2章中罗瑟巴特关于我们成长的描述，成年人能够转移注意力、运用意志力、克服恐惧感。如果你的嫉妒心很强烈，而且你下决心要行动起来，那么你很可能会成功。

在成长中，另一条同样重要的真理是，不要以为我们能够做到一切事情。生命短暂，我们不得不面对种种局限，不得不承担自己的责任。我们每个人都得到了一些"美好"的东西，正如我们每个人都向这个世界贡献了一些美好的事物。但是没有人能够拥有一切，也没有人能够为别人贡献一切。

慢慢学会欣赏自己的敏感特质，了解这种特质会给自己带来很多其他的优点，这些都是别人所缺乏的。

/// 慢慢来

接受我们无法改变的自己是明智的做法。同样，我们也应该记住，积累点点滴滴的信心和希望来代替沮丧，任何时候都不嫌晚。

> 小时候，我很敏感，害怕摔跤，只要我站在高处或需要保持平衡，就会渐渐进入过激状态，失去身体协调性。所以，我从来没怎么学过骑自行车、轮滑、滑冰——这样会让妈妈放心。所以，我一直都不参加体育活动，而只是羡慕地做一个旁观者。
>
> 不过还是有越来越多的例外。有一次，我在加利福尼亚内华达山脚下的一个农场里参加夏至庆典。
>
> 参加这次活动的妇女多大年龄的都有。到了晚上，她们找到了一架秋千，一下子全都变成一群小女孩了。秋千吊在一根长长的绳子下面，在山坡上荡过去。就像她们说的，在夜色下，仿佛朝着星星飞过去。每个人都上去荡了一回，只有我除外。
>
> 大家开始慢慢走回屋里，我仍然留在原地，看着那架秋千，

心头重又泛起熟悉的羞愧感——我是个胆小鬼——其实没有人注意到我。

这时，一个比我年轻得多的女人走过来，她自告奋勇要教我荡秋千。我说还是算了，我不想荡秋千。但她好像无视了我的拒绝。她向我保证不会推得太用力，随即扶住了秋千。

我还是有些挣扎。但不知为什么，她给了我一种安全感，于是我鼓起勇气，像大家一样朝着星星荡了过去。

后来我再也没见过那个女人，但是我对她永远心怀感激，不仅因为这次难忘的经历，也因为她教我荡秋千时表现出的尊重和理解——每次只轻轻一荡。

/// 你的学校生涯

玛莎对于学生时代的记忆，是高度敏感者的典型例子。她学习成绩优异，需要出主意、制订计划时，她甚至会成为领袖。当年她也常常感到无聊。永不停息的想象力使她忍不住在上课时看课外书。不过她仍然是"最聪明的"。

在感到无聊的同时，学校带来的过度刺激也始终令她感到困扰。她记得最清楚的就是喧闹声。这并不会令她感到害怕，但如果老师离开了教室，那些吵吵闹闹的声音会使她无法忍受。放学回到家里，八个人挤在一座小房子里，喧闹声同样令人难以忍受。天气好的时候，她就躲到树林里或者门廊下看书。天气不好的时候，她只能学着在看书的时候把周围的一切隔离在外。

但这也很难避免陷入过激状态。一天，老师在班上读报，读到某些战犯受到恐怖的拷问时，玛莎晕了过去。

开始上学后,你就和玛莎一样,不得不面对更广阔的世界。第一件令人震惊的事情也许是不得不与家人分离。但即使你已经上过幼儿园,对此有所准备,你的感官也完全没有准备好适应普通小学教室里漫长、喧闹的一天。老师充其量只能把刺激范围控制在使普通孩子处于最佳激发状态。但是对你来说,总是过于强烈了。

也许刚上学的时候,你会躲在一边旁观。我记得很清楚,我儿子上学第一天,他躲在角落里瞪大眼睛看着,像是给吓懵了。但安静的旁观是"不正常"的。老师说:"别的孩子都在玩——你怎么不去玩?"你不愿意让老师不高兴,也不想被看作古怪的孩子,也许会勉强自己去玩,也许做不到。不管是哪种状况,都会招惹愈来愈多的注意——你完全不希望这样。

慕尼黑市马克斯·普兰克心理学研究院的简斯·阿森多夫曾经写道,有些孩子喜欢独自一人玩耍是完全正常的。在家里,父母一般会认为这只是孩子的性格特点。但是在学校里就完全不同了。到了二年级,独自一人玩耍的孩子会被别的孩子排斥,老师也会对他格外关注。

高度敏感者会因为过激状态和羞耻感在学校里表现不佳。然而,大多数高度敏感者都热爱阅读,喜欢安静地学习,功课很出色。你的过激状态会影响社交能力或体育技能的发展,为了应对这方面的问题,你也许会找个亲密的朋友一起玩。也许你会因为发明好玩的游戏、写出有意思的故事、描绘漂亮的图画而出名。

其实,如果你进入学校时对于自己和自己的敏感特质都抱有自信,就像第1章中的查尔斯那样,你很可能会成为真正的学生领袖。如果不是的话,就像我的一位敏感者朋友,也是一位心理学家所说的:"你觉得真正出色的人在学校里能好过吗?"

/// 男生，女生

到了上学的年龄，大多数高度敏感的男生都变成了内向的人。这一点很说明问题，因为男孩敏感是"不正常"的。他们在集体中或者和陌生人在一起时，不得不小心谨慎地注意别人会怎样对待自己。

和敏感的男孩一样，敏感的女孩往往也是依靠一两个好朋友来度过学生时代的。但是有些敏感的女孩相当外向，如果她们处于过激状态或感情外露，那是因为她们在做别人希望她们做的事情，这会使她们更容易被其他女孩接受。

然而，积极表露感情也有其负面作用，敏感的女孩不需要戴上假面具。敏感的男孩为了生存却不得不伪装自己。于是女孩没什么机会学会控制自己的感情，碰到感情上的过激状态就会束手无策。敏感的女孩也许还会通过感情来影响他人，保护自己不至于进入过激状态。"再玩那个游戏我就要哭了。"等她们长大成人后，这么直截了当地坚持自我的方式并不受人欢迎。

/// 天才的特权

如果你被人们视为天才，你的童年时代可能会好过一些。人们会将你的敏感性视为一种更能被社会接受的特质中的一部分。研究人员已经针对如何对待天才儿童，为老师和父母提出了很好的建议。例如，一位研究人员提醒父母，不要指望这样的孩子能和同龄人相处得很好。父母可以多给孩子一些特殊关照，多给他们一点机会，这样并不会惯坏孩子。研究人员总是坚决地告诉父母和老师，要允许天才儿童自由发展。对于存在着任何一种特质，从而与众不同、并不完美的孩子，这同样是个非常好的建议。

不过，凡事都有两面性。父母和老师也许给你施加了很大压力。你的自我价值也许完全建立在自己的成就上面。同时，如果你的同龄人中没有同样的天才，你会感到孤独，很可能还会被别的孩子排斥。下面有几条很好的关于抚养天才儿童的指导原则，你可以给天才的自己重新做一回父母。

/// 为"天才"的自己做父母

1. 欣赏自己的天分，而非自己所做的事情。
2. 夸奖自己敢于冒险、学新东西，而非夸奖自己的成功，这样能帮助你正确对待失败。
3. 不要一直把自己和别人比较，这会使你越来越争强好胜。
4. 找机会与其他天才人物沟通交流。
5. 不要把自己的时间表安排得太满，留出思考和幻想的时间。
6. 期待要现实一点。
7. 不要隐藏自己的才能。
8. 做自己的支持者，坚持自己的权利。
9. 无论你的兴趣是广泛还是狭窄，接受这一点。

关于最后一条——也许你除了研究"中微子"其他的什么也不想学，也许你想饱览群书、旅行、学习、谈话，直至找到人生的意义。这个世界上两种类型的人都有（你很可能在人生的某个阶段发生改变）。

/// 高度敏感的青春期

青春期对于任何人来说，都是一个难关。但我在研究中发现，高度敏感者普遍反映，高中时期是最艰难的时光。一边经历着令人难以置信的生理变化，一边又要不断承担起一项又一项成年人的责任：学会开车、选择大学、决定未来的职业、不要滥用酒精和药物；将来还会为人父母、开始做保姆或露营顾问之类的兼职，受到孩子们的信任；还有各种各样的琐事，比如保管好身份证、钱、钥匙。当然也要面对一些大事，比如性意识的觉醒，以及随之而来的自我意识。媒体时常暗示敏感的青少年在性行为中会承担受害者或侵略者的角色，于是他们总是对此感到不安。

但是，他们也可能会把精力或焦虑错误地归咎于性的方面，因为焦虑的真实起因更加难以面对。想一想，你要做出影响自己一生的重大决定，完全不知道会有怎样的后果，这将带来莫大的压力。你一直期待着离家自立，当这一天终于到来时，你可能愉快地或者至少是坚决地从家里搬了出来；但你也可能会感到害怕，如果无法顺利进入独立的生活，你的"致命缺陷"就会暴露无遗。

很多敏感的青少年面临这些危机时，会选择毁灭自己含苞待放的青春生命，这样就不用眼看着它无法"正确"地绽放，这一点并不令人意外。自我毁灭的方式有很多：结婚生子，把自己禁锢在一个狭小的生活圈子里；吸毒、酗酒；身心两方面都垮掉；加入能够带来安全感、回答疑问的教派或组织；或者自杀。并非所有这些行为都是因为敏感性而产生的（也不是说自我这株顽强的植物肯定无法挺过来，无法最终绽放）。所有的青少年都可能选择这类逃避行为，有些高度敏感者也是一样。

当然，去上大学可以延缓承担很多成年人的责任（还可以继续读研、读博、读博士后、实习）。也有人会通过其他方法慢慢地承担起生活的责任。延缓与逃避不同，是个不错的策略，这是另一种循序渐进的方式。暂时应用一下也没问题。

也许你会推迟离家的时间，继续和父母一起住几年，暂时帮家里打点生意，或者搬去和老家的高中朋友一起住。用循序渐进的方式成为真正的成年人，这样做确实很有效。有一天，你会突然发现自己变成了一名成年人，做着成年人所做的一切事情，连你自己都没有注意到你是怎么做到的。

但有时候，我们迈出的步伐太大。大学，对于有些高度敏感者来说，就是太大的一步。我认识很多高度敏感者，只读了第一个学期就退学了（或者圣诞节时第一次回家就退学了）。无论是他们还是父母和老师都并不明白，这其中真正的原因是全新的生活带来的过度刺激——陌生的人、新的想法、新的生活计划，再加上住在嘈杂的寝室里，彻夜不眠的聊天、聚会，也许还要加上尝试性行为、吸毒、喝酒……

即使敏感的学生想要离开人群休息一下，仍然面临着一些压力：要和大家保持一致，和别人交朋友，满足每个人的期望。无论你在大学中遇到了哪些问题，都需要从新的角度看待当时的经历。这并不是你个人的失败。

美满的家庭生活，对所有的青少年都会带来很大帮助，即使他们已经要离巢自立。家庭对高度敏感者带来的长期影响尤其强烈。到了青少年阶段，你的家庭已经教了你很多东西，在现实世界中你可以怎样应对、应该如何表现。

第 4 章　重塑过去，学会做自己的父母

/// 长大成人

随着高度敏感的青少年长大成人，性别之间的差异也越来越明显。就好像在出发时方向只是略有不同，而抚养过程中的区别却使敏感的男性和女性抵达了完全不同的终点。

一般来说，男人的自尊心比女人更强。如果父母能够欣赏他们敏感的儿子，就像第 1 章里查尔斯的情况那样，那么成年后，他就会很有自信。但在另一个极端，我发现很多高度敏感的男性心中充满了自我厌恶——想想他们曾经经历过的挫折，也就不难理解了。

针对从小就害羞的男性（我认为大部分属于高度敏感者）进行的一项研究发现，一般来说，他们平均晚三年结婚，晚四年生第一个孩子，晚三年开始一份稳定的工作，这样也往往导致他们很难取得职业成就。这反映了羞怯的或缺乏自信的男性在社会上受到的偏见。但同时也说明，小心谨慎、延缓一下，对高度敏感者来说是健康的生活方式，除了家庭和事业之外，他们也很重视其他方面——譬如精神上或艺术上的追求。无论如何，如果你需要慢下脚步来做这些事情，就不要担心，像你这样的人绝不在少数。

相比之下，针对害羞的女性进行同样的研究后却发现，她们经历人生的各个传统阶段的时间，和其他女性是一样的。羞怯的女性可能从来没有工作过，或者结婚时会辞去工作，根据父权社会的传统，她们直接从父亲家里搬到丈夫家里，不需要承担起养家糊口的责任。

然而，这些女性在高中阶段通常都"安静独立、爱动脑筋、很有灵气、直觉灵敏"。我们只能认为，她们这样的生活趋势是那种"安静独立"的性格引起的，她们需要跟着自己内心的引导前进，而她们感觉只有传统的婚姻才是唯一安全而宁静的港湾。

很多女性都认为，自己的第一次婚姻是个错误，只是为了应对自己的敏感性，让另一个人进入自己的生活，承担起带来安全感的角色。我不知道她们的离婚率是否更高，但是她们离婚的理由也许和其他女性有所不同。她们最终还是不得不独自面对外部世界，同时需要释放自己强烈的直觉、创造力和其他才华。如果第一次婚姻不能给她们提供这种成长的空间，当她们最终准备好离开家庭更加独立时，婚姻就变成了绊脚石。

玛莎显然就属于这样的女性。她结婚很早，但直到40岁才开始发挥自己的创作才华和智慧，虽然早在念书时这些才华和智慧就已经显露出来。对于玛莎（以及1/3的敏感女性）来说，不仅仅是敏感性使她面对外部世界时踌躇不前。像这样的女性通常都有过令人不安的性经历——如玛莎小时候受到哥哥们的骚扰。即使没有受过明显的性虐待，所有的年轻女性到了青春期，意识到自己充当性欲对象这一角色时，都会有一种自尊心受伤害的感觉。而高度敏感的女孩对此感觉更加深刻，于是会首先选择保护自己。有人暴饮暴食，使自己失去吸引力；有人拼命学习用功过度，这样就不会有空闲时间；也有人早早地挑个男朋友，靠他来保护自己。

玛莎告诉我，到了初中，她的胸脯开始发育（比一般人丰满），于是她在班里不再是带头的孩子，也不再是功课顶尖的学生。男孩们突然开始一直注意着她。于是，不管什么天气，她都穿一件大外套上学，尽量不引人注意。就像她说的，这时候带头的孩子都是些"咯咯乱笑、只会追男生的傻姑娘"。她无法成为这种人，也不屑与她们为伍。

但尽管如此，男孩们还是不断和她搭讪。一天，两个男孩追着她，强吻了她。她惊恐万状地回到家，走进家门，看到一只老鼠——不知是真实存在的还是幻觉——飞快地朝她冲过来。那之后的好几年中，和男生亲吻时她总是会看见那只老鼠。

她在 16 岁那年经历了初恋。可是两个人在越来越亲密的时候却分手了。她一直保持着处女之身，直到 23 岁和男友约会时被他强奸。从此她就破罐破摔，随便和任何人上床——"除了我真正爱的男孩"。后来，她又陷入一次错误的婚姻，过了很多年才鼓起勇气离婚，开始了自己的艺术生涯。

总而言之，性别的不同会影响敏感性的表现方式。敏感男孩长大成人后，生活中各种时机的选择总是落在别人后面，生活的特点也与其他男人不一样。对男性来说，敏感是"不正常"的。与此同时，女性的敏感是人们可以接受的。敏感的女孩往往来不及学会如何生存，就自然而然地走上了传统的生活道路。

实际应用
重构你的童年和青春期

这一章的重点——也可以说是本书的重点，就在于从敏感特质的角度重构你的生活。你需要换一种眼光看待过去的失败、创伤、羞怯、尴尬时刻，以及各种各样的事情，这是一种更冷静、更客观也更充满热情的眼光。

回忆一下自己的童年和青少年时期，把你记得的重大事件列出来，正是这些记忆使你变成了现在这个人。也许都是一些独立的事件：在学校里演戏、父母告诉你他们要离婚了、每年开学的第一天、每年的夏令营等。有些经历是负面的，是带来创伤的悲剧性事件，比如被人欺辱、取笑。也有些经历虽然是正面的，却仍然会带来过度压力：圣诞节的早晨、全家外出度假、取得成功、受到奖励。

选择其中一个事件，按照第 1 章"实际应用"部分介绍的步骤重新看待这件事：

1. 回忆一下你对那件事的反应，一直以来你是如何看待那件事的。

你是否觉得自己的反应是"错误"的，或者和其他人不一样？或者持续的时间太长？你是否觉得自己在某些方面表现不好？你是否想对别人隐藏自己的烦恼？或者是否有人发现了这一点，然后说你"太过分了"？

2. 现在你已经知道你的身体是如何自动运作了，再想一想你对那件事的反应。

你也可以设想一下，我——本书的作者，会怎么分析这种反应。

3. 想一想，这件事现在是否有需要补救的地方。

可以的话，和其他人谈谈你现在对这件事的看法，如果这个人当时也在场，还可以帮助你补充画面中的细节。或者你也可以把自己对这件事的新旧观点都写下来，一段时间内随身带着，时刻提醒自己。

如果这样做能为你带来帮助，过几天，你可以再选择另一件童年时的重大事件，从新的角度来看待这件事，直到把列表中的事件都做过一遍。这个过程不能仓促，每个事件总需要花上几天时间。重大事件当然是需要时间慢慢消化的。

第 5 章

生性敏感者如何学会更多社交技巧

保持自己的特点。你有自己的优势。

"你太羞怯了。"你是否经常听到别人这样说你?

其实很多高度敏感者天生擅长社交。这是事实。即便是美国总统、英国女王,有时候也会担心别人怎么看待他们。关键是,这种担忧会使高度敏感的我们处于过激状态,这是我们的致命弱点。

尽管别人总是告诉我们:"别担心,没有人会对你评头品足的。"但是你是个敏感的人,你已经注意到别人正在观察你、评判你。对此,不敏感的人一般都能开开心心地不当回事,而你的生活却要艰难得多:你已经意识到了别人的目光和无形之中的评判,却还不能让这些情况对你产生太大的影响。这可真不容易。

/// 你一直是个羞怯的人吗?

很多人都把敏感性和羞怯混为一谈。这就是为什么你总是听到别人说"你太羞怯了"。人们会说某只小狗、小猫、小马天生"羞怯",但这其实是因为它们的神经系统比较敏感(除非动物曾经遭受过虐待,这种情况下称之为"害怕"更准确)。羞怯其实是害怕别人不喜欢我们、不接纳我们。也就是说,羞怯是对某种情况作出的反应,这是一种特定状态,而非一种始终存在的性格特质。即使长

第 5 章 生性敏感者如何学会更多社交技巧

期习惯性的羞怯,也不是遗传的,而敏感特质则是遗传的。高度敏感者的确更容易出现长期习惯性羞怯。其实有很多高度敏感者,却从来不会感到羞怯。

如果你经常感到羞怯,有一个解释可以说明你或其他人(包括非高度敏感者)为什么会变成这样——你曾经在一个社交场合中(往往一开始就带来过度刺激)感觉自己表现欠佳。其他人说你在这个场合中做错了什么事、表现得很不自然、没有发挥出应有的水准;也许你已经处于过激状态了,或者丰富的想象力使你感觉所有的一切都会出错。

一般来说,仅仅一次失败并不会使人陷入习惯性的长期羞怯状态,但这种事也是可能发生的。当你第二次面对同样的情况时,你往往会因为害怕重蹈覆辙而过激状态更加严重。越是激动,越可能失败。到了第三次,即使你拼命努力,仍然无法应付过激状态。你不知道要说什么,看起来满心自卑,于是别人也不会把你当一回事,问题越来越严重。这种情况会反复发生,陷入越来越糟糕的恶性循环。甚至还会蔓延到其他场合,就好像是只要有人在的场合,你就会变成这样!

高度敏感者更容易感到激动,从而也更容易进入这种恶性循环。但是你并不是天生羞怯的,你只是生性敏感而已。

/// 从自我概念中删除 "羞怯"

"羞怯"这个标签有三个问题:首先,这是完全不正确的。这个标签没有表现出真正的你,没有意识到你对细节的敏感性以及你应对过激状态的困难。要记住,过激状态并不总是因恐惧而产生的。

在美国,75%的人都是外向善交际的人,人们会把生性敏感和羞怯混为一谈也是很自然的。当你看起来处于过激状态时，人们不会意识到这是由于太多的刺激而引起的，因为他们自己对此并没有切身体会。他们会以为你肯定是担心被拒绝，会说你很害羞，你害怕被人们无视。要不然你怎么会不合群呢？

有时候你的确害怕被拒绝，这是很自然的，不管怎么说，你的性格并不是社会上视为理想性格的类型。但是，作为高度敏感者，有时候你只是不想进入过激状态。别人认为你是羞怯害怕，却没有意识到你只是更喜欢独处。你才是拒绝的一方，而非被拒绝的一方（与你相比，非高度敏感者天生需要更强的兴奋程度才感到舒适，而且他们也会担心自己被拒绝）。

如果你很少和一群人在一起，也不怎么和陌生人见面，当你不得不这样做的时候，基本不太可能顺利，这不是你擅长的方面。不过，就此认为自己羞怯或害怕是不正确的。如果有人想要帮助你，他们出发的前提就是错误的。比如，他们会认为你缺乏自信，一再向你保证，大家都喜欢你。但这等于是在说，你有问题——你缺乏自信。这些人不了解你潜在的敏感特质，错误地理解了你不合群的原因。若你也不知道真正的原因所在，也就无法对自己感觉良好了。

/// 自称羞怯会最终成真

羞怯本来不应该是负面的，可以等同于自律、自控、体贴、敏感等词语。但很多人与高度敏感者初次会面时，就把他们看作是羞怯的人，等同于焦虑、尴尬、害怕、拘谨、怯懦。甚至连心理健康专家，也往往会通过这种方式看待高度敏感者，还认为他们在智慧、能力、成就和心理健康等方面都逊人一筹。其实这些与羞怯毫无关系。只有那些对羞怯的人真正了解的人，比如其配偶，才会从正面的角度来看待这个词。在心理学家用来评估羞怯程度的测试题里，也充斥着这类负面的词语。要提防隐藏在"羞怯"这个词背后的偏见。

斯坦福大学的苏珊·布罗特和菲利普·津巴多，针对羞怯做了一个很有意思的心理实验，这个实验证明了，为什么你需要知道，你并不是一个羞怯的人，而是一个容易处于过激状态的高度敏感者。

在一项实验中，将几位自称非常"羞怯"（尤其是和男士相处的时候）的女生组成一组，而另外一些不"羞怯"的女生作为对照组。

这项实验的表面目标是噪声对人们产生的影响。每个女生都会和一位年轻男士相处一段时间。这位男士并不清楚某位女生是否"羞怯"，研究人员要求他面对每一位女生时，都以同样的方式交谈。有趣的是，一部分自称羞怯的女生误以为自己处于过激状态——心怦怦乱跳、脉搏加快——是因为吵闹的噪音。她们与男士的交流并不比不羞怯的女生少。她们甚至掌握了主导权，引导着谈话的主题，表现得和不羞怯的女生没什么区别。而另一组不羞怯的女生，无法把自己的过激状态归咎于别的地方，她们在交谈中话少得多，更多是由男士引领谈话。实验之后，研究人员让这位男士猜猜哪位女生性格羞怯。结果，他无法区分这两种性格。

这些羞怯女生，如果假定自己的过激状态并非是由社交原因引起的，就变得不那么羞怯了。她们也说自己不觉得羞怯，而是真的很享受这段经历。的确如此，因为当她们被问到如果再参加"噪声轰炸实验"，下次是否愿意独处时，有2/3的人回答说不愿意。羞怯女生组有14%愿意独处，而不羞怯女生有25%愿意独处。显然，这些羞怯的女生感到非常愉快，因为她们误认为自己的过激状态是羞怯以外的原因引起的。

下次如果你在社交场合处于过激状态，回忆一下这次实验。你心跳得厉害,可能有很多原因,不一定是因为正和你相处的人。也许是噪声太大,也许是你在担心别的什么事情,你隐约觉得这和你身边的人没有什么关系。所以继续下去,忽略这些其他原因,好好享受这段时间。

我已经列出了3条强有力的理由,让你再也不要自称是个羞怯的人。"羞怯"这个词不准确,带有负面意义,说多了可能会最终成真,也不要让别人给你贴上羞怯的标签。说得严肃一点,消除这种偏见是你身为公民应尽的责任。"羞怯"这个标签不仅不公平,而且正如第1章中所讨论的,还很危险,因为这个标签会降低高度敏感者的自信心,压制他们正常的人际交往。

/// "社交不适症" 只是暂时的

社交不适症(与羞怯相比我更喜欢用这个词)一般都是由过激状态引起的,会使你的言谈举止显得不够从容——害怕自己陷入过激状态,害怕举止失措,害怕想不出话题可说。然而在社交场合中,这种恐惧本身往往会引起过激状态。

记住,不适只是暂时的,你可以想办法改变这一点。假如你因为寒冷而感到不适,你可以选择忍受它,也可以选择换个暖和一点的环境,你还可以穿上一件外套。总之就是不要责怪自己天生不耐寒冷。

对于过激状态引起的暂时性社交不适也是一样。你应尽一切方法让自己摆脱这种不适状态,不要认为自己天生就会在社交场合感到不适。

/// 社交场合处理过激状态 5 法

1. 记住,过激状态并不一定是因为害怕。
2. 找一个高度敏感者聊天。
3. 利用各种方法降低过激程度。
4. 发掘一个良好的"人格面具"(后面会讨论到),并有意识地使用它。
5. 向别人解释一下你的敏感特质。

或许你的过激状态与周围的人毫无关系。千万不要低估认识到这一点所产生的力量。如果别人用你在社交场合中的表现来评估你,他们看到的并不是真正的你,而是一个因为处于过激状态暂时有些慌乱的人。如果他们看到了镇静时的你,能够注意到细节的你,他们一定会对你刮目相看。这一点是千真万确的,因为你有欣赏你的知心朋友。

一般的社交场合中,有大约 20% 的人属于高度敏感者,另外 30% 的人属于轻微敏感者。而某项针对羞怯的研究表明,接受问卷调查的人中有 40% 认为自己羞怯。在一屋子人里面,至少有一个人有着和你一样的敏感特质,或者和你一样苦于社交不适症。你在人群里跌跌撞撞,然后你和他们目光接触,注意到他们眼中深切的同情。你立刻就会交上一个朋友。

同时,利用第 3 章中的一切建议减轻你的激发程度:休息片刻,出去散个步,做个深呼吸,四处走动一下;想一想自己的选择,也许应该离开了,也许待在别的地方比较好,比如窗口、走廊、门口。找一个安全港湾——有什么安宁、熟悉的人或事物,能够在此时此刻支持你。

回到大学的第一天，我好几次担心老师会发现我有什么地方不对劲。在一般的非高度敏感者眼中，处于过激状态只会意味着心理上的严重冲突、不稳定。所以，我用上了一切办法——散步、沉思、午饭后开车出去兜风、给家里打电话，希望能让自己感觉舒适一点。这些办法都起到了不错的效果。

我们常常以为，别人会注意到我们处于过激状态，事实上他们根本没注意到。很多社交场合都只是一个"人格面具"碰上了另一个"人格面具"，彼此的认识只停留在表面上，不会触及太深的地方。言谈举止都像大家一样，即使你不喜欢这样做，但这样就不会有人来烦你，也不会有人对你做出错误的评价，说你傲慢、漠然、腹黑……诸如此类。

研究发现，"羞怯"的学生一般认为自己已经在社交上尽了全力，但他们的室友却趋向于认为他们还有所保留。这也许是因为我们的社会文化并不理解高度敏感者，但在我们能够改变这一点之前，你只能通过表现得和大家一样，让自己生活得容易一点。戴上你的"人格面具"吧（Persona 这个词是从希腊语"面具"而来），在面具背后你想当什么人就当什么人。

另外，有时候最好的办法就是向别人解释一下你的过激状态。我在一群陌生人面前说话或讲课的时候，经常这样做。我会告诉他们，我也知道自己听起来有点紧张，但过几分钟就会恢复正常。在一个群体中，把你的敏感特质告诉大家，人们会开始讨论每个人的社交不适症，谈话变得更亲密，或者你也可以单独走开一会儿，不用感到愧疚。而且，当你稍微休息之后再回来时，也不至于无法融入进去。也许还会有人帮助你减轻外界刺激——比如调整灯光、音量，或者允许你只做个简介。

第 5 章　生性敏感者如何学会更多社交技巧

一旦你提到自己属于高度敏感者，人们就会产生两种模式化的看法，至于是哪一种，取决于你描述自己的语言。一种看法是，坦白说你就是个消极被动、软弱无能、忧虑不安的人。而另一种则是：你是房间里一个天才的、高深莫测的、强大的存在。你需要练习使用恰当的语言说明自己的需要，同时还能使人们产生正面的看法（这一点我们将在第 6 章中讨论）。

如果我不得不和很多人相处一整天或者一起度过周末，我一般会告诉大家，我需要大量的独处时间。往往也有其他人会这样做。但即使只有我一个人要早早地回到房间、独自散步很久，我也学会了怎样不引起同情或怜悯，而是给人留下一丝神秘感——"王室参谋"阶层必须考虑这些问题。

/// 敏感性的内向与外向

很多高度敏感者会避开那些带来过度刺激的人或事——陌生人、大型聚会、拥挤的人群。对于大多数高度敏感者来说，这是个好办法。在这个高度刺激、要求苛刻的世界里，每个人都需要做出选择。

当然，如果你选择避开某种场合，就不可能在其中游刃有余。但大多数高度敏感者还是能够敷衍过去的，至少慢慢会学会。敷衍也是一种聪明的办法，可以被社会接受，你也能省下精力，用到其他重要的事情上去。

也有一些高度敏感者，他们之所以会避开陌生人、聚会和其他团体的场合，是因为他们过去一直被同伴和群体排斥或拒绝。由于他们并不符合西方文化中理想的外向性格，于是会受到严厉的批评。当无法确定对方的看法时，就会避开那些人。虽然听起来有些伤感，这种态度也是情有可原的，不需要为此感到惭愧。

总之，70%的高度敏感者在社交方面比较"内向"。这并不是说你不喜欢和人相处，只是你更愿意和几个亲密朋友相处，而不喜欢大型聚会。但是即使是最内向的人，有时候也会有外向的表现，能够和陌生人或者一大群人相处融洽。同样，再外向的人也会有内向的时候。

然而，高度敏感并不等同于社交内向。在我的研究中，有30%的高度敏感者在社交方面是外向的。作为一个外向的人，你的朋友圈子很大，也喜欢参与到群体中，或者与陌生人相处。也许你是在一个融洽的、充满爱的大家庭里长大的，邻里关系和睦，在你眼中，人们是安全感的来源，而非需要防备的对象。

但你仍然会发现其他一些刺激的来源很难应付，比如长时间的工作、太多的时间待在城市里。在你处于过激状态时，会避免社交活动。

圣克鲁斯市加利福尼亚大学的阿夫里尔·索恩观察了内向的人如何与人交流。她通过测试从女大学生中选出高度内向者和高度外向者，然后分成两人一组，有的组两人性格相同，有的相反，通过录像记录她们的谈话。

高度内向的女生严肃而专注，讨论问题的时间比较多，也比较谨慎。她们会倾听、提问、给出建议，她们似乎会深入地关注对方。

相比之下，高度外向女生的谈话更加"愉快"，她们会争取达成一致、寻找生活背景和经历上的相似之处、更多地互相夸奖。她们乐观、开朗、和两种性格的人都能相处得很好，似乎谈话本身就能带来快乐。

外向者和内向者相处时，不需要表现得特别兴高采烈，他们对此感觉不错。而内向者的感觉是，和外向者谈话仿佛"呼吸到新鲜空气"。我们从索恩的研究中得到的结论是，这两种类型的人对这个世界的贡献是同样重要的。但由于社会上往往低估了内向的人，我们需要花更多的时间来强调内向者的优点。

卡尔·荣格认为,内向的人属于人类中一个基本的类别。

内向和外向其实也是两种对待生活的态度,大多数人会交替出现这两种情况,就像呼吸是吸入、呼出这两个动作。但也有些人更加趋向于某一方面。此外,这两种态度与是否善于社交没有直接的关系。性格内向的人只是会转向内部,面对主观自我,而非转向外部世界,面对客观物体。内向是因为一个人需要保护生活中内在"主观"的一面,也更重视这方面,尤其不愿意使之受到"客观"世界的过度压力。

按照荣格的看法,性格内向者的重要性怎么强调也不算过分。

> 这个丰富多彩的世界,以及其中洋溢着喜悦、令人陶醉的生命,不只是纯粹的外部世界,而且也存在于人们的内心之中。内向的人正是证明这一点的活生生的证据……他们的生活告诉我们:生活还有另一种可能性,我们的社会文化中极为匮乏的内在生活。

荣格知道,西方文化对于性格内向的人存有偏见。如果偏见是来自于性格外向的人,还可以容忍,但如果性格内向的人自己也看轻自己,会为内向者的世界带来真正的伤害。

/// 世界需要各种类型的人

有时候我们确实应该领略一下真实的外部世界,我们很高兴有人会帮助我们,外向的人甚至可以和完全陌生的人们熟悉起来。有时候,我们需要内在的精神支柱——也就是性格内向的人全神贯注于内心深处的细微感受。生活中不仅仅包括我们都看过的电影、我们都去过的餐馆。有时候，我们的灵魂需要讨论一下更敏感细腻的问题。

琳达·西尔弗曼是一位研究天才儿童的专家，她发现孩子越聪明，性格很可能就越内向。内向的人具有非同寻常的创造性，比如在罗尔沙赫氏测验中会给出不少非同寻常的回答。从某种意义上来说，内向的人更加灵活，因为有时候他们不得不去做外向的人习以为常的事情，比如与陌生人相处、参加聚会。然而有些外向的人多年来始终都在避开内向，避免转向内心。在人生的后半段，当人们开始发展自己至今有所欠缺的部分时，有些内向者身上这种转换的能力会变得尤其重要。对于每个人来说，自我反省就变得越来越重要。总之，内向的人会更从容地步入成熟。

所以，你的社交方式也很不错。别理会那些让你"放松一点"的刻薄话。不妨旁观别人滔滔不绝，同时允许自己保持自己的特点。如果你不擅言谈，那就保持缄默，这是不失自尊的一种策略。同样重要的是，如果你的情绪发生了变化，外向的一面开始显露出来，那就顺其自然，即使有点笨拙可笑也没关系，因为每个人面对自己不擅长的事情时总是会感觉棘手的。你有着自己的优点。

/// 内敛的交友方式也不错

敏感者交友方式更内敛，也更喜欢有深度的亲密的友情。原因有很多，亲密的朋友能够互相理解、彼此支持。朋友或伴侣也可能为你带来更多烦恼，但这也会促使你内心成长起来，对于高度敏感者来说，这是非常重要的。而且，由于你直觉敏锐，你很可能喜欢谈论哲学、感情、内心挣扎之类复杂的话题。面对陌生人时，或者在聚会上，很难谈论这方面的话题。最后，敏感者自身的各种特质，使他们更擅长与人建立起亲密关系,和知心朋友在一起时,他们会感觉在社交上取得了成功。

外向的人会说:"陌生人只不过是我还没有遇见的朋友。"这么说倒也没错,亲密的朋友以前也不过是陌生人。随着一段关系发生了变化(甚至彻底结束),你需要认识新朋友,争取成为亲密朋友。

———你和最好的朋友是怎么认识的———

你可以回忆一下,关于每一段友情的开始:

当时的环境迫使你不得不说话吗?

是对方采取主动的吗?

你当时是否产生了某种不寻常的感觉?

那天你是否特别外向?

你当时穿着如何,对自己的外表感觉如何?

当时是在什么地方?学校、工作场所、度假中、聚会时?

当时是什么情形?是谁介绍你们认识的?或者你们的相识纯属偶然?是否你们中一个人刚好和另一个人说了些什么?发生了什么?

那一天、那个时刻是什么样子?

你是在什么时候意识到这将发展为一段友情,又是怎么感觉到的?

现在,从答案中寻找共同点。比如,你可能不喜欢参加聚会,但你在这种场合中遇到了两位最好的朋友。现在你的生活中是否缺少结交朋友的场合,比如去学校上学、和别人一起工作?根据你了解到的情况,你是否打算采取什么行动？比如发誓每个月都要去参加一次聚会（或者从现在开始再也不参加聚会了——这种场合根本不会为你带来朋友）。

/// 人格面具和得体举止

如果你性格内向，尤其要记住，在大多数社交场合，你的行为举止至少应符合最起码的社交要求。高度敏感者会把所有的社交礼仪规则压缩为一句话：尽量降低别人的过激状态（或者更简单：友好）。一片寂静会使别人陷入过激状态，因为这在社交场合很少见。但过于开朗也会带来同样的问题，这是外向者常见的错误。理想的目标是，说出的话语令人心情愉快，而并不感到意外。

当然，有些不敏感的人喜欢面对大量刺激，这样可能会使他们免于感到无聊。但在刚认识新朋友时，你需要让暂时性的激发状态缓和下来，即使对方并没有这个问题。随后，你才能表现出自己想象力丰富、令人惊讶的一面（冒一定的风险是值得的，每一次成功都给自己加了一分）。

现在，你需要进一步了解人格面具或社交角色。一个良好的人格面具显然应该举止得体、行为恰当，不会进入过激状态。但根据需要，每个人的人格面具也各有区别。银行家应该戴着一副稳重可靠、脚踏实地的人格面具，即使他有着艺术家的内在，也得把这一面隐藏起来。另外，艺术家也最好把自己的银行家特性隐藏起来。就学生而言，聪明的做法是显得谦逊一点，老师则应该表现出权威。

人格面具这个理论，是与北美文化所崇尚的坦率真诚相矛盾的。欧洲人就能更好地理解，为什么不要心里想什么就说什么。但也有些人与自己的人格面具太相似了。我们都认识这样的人，他们心里藏不下任何东西，虚伪、谎言这些词汇与他们毫无关系。但是高度敏感的人很少会和自己的人格面具过于重叠。

如果你认为这是虚伪，不妨从这个角度来看：不同的时间和地点，坦率程度也应该有所不同。例如，一个很少见面的人想和你结交，而你已经打定主意不和他继续交往了，那么他请你吃饭，你不至于直截了当地说"我不想和你交朋友"，而是婉言谢绝，推说最近工作很忙。

这样的托词在某种程度上也是实话——如果你时间充足，也许就不介意稍微应酬一下。如果直接告诉别人你完全不重视他，这样也不怎么道德。适当的人格面具和良好的行为举止，也是为了给别人留点面子；说一些善意的谎言，尤其是面对不很熟悉的人，有时会更加需要。

/// 学会更多社交技巧

有各种各样关于社交技巧的书籍、磁带、文章、报告会、课程，归纳起来只有两种：一种来自外向性格、社交技巧、销售、人事管理和礼仪方面的专家。这些人一般讲话机智风趣，他们使用的说法是学习，而非治疗，这样就不会暗示你存在严重问题，从而伤害你的自尊心。如果你求助于这些专家，请记住，你的目标不是要成为和他们一模一样的人，只是要掌握几项社交技巧。不妨注意这样的题目："如何在人群中游刃有余""如何应对尴尬时刻"，等等。

另一种则是心理学家帮助人们克服羞怯心理的。他们的做法是先让你担心这方面的问题，这样你就有动力了，然后循序渐进，通过一些经过详尽研究的创造性方法来改变你的行为。虽然看起来这些方法更适合你，对于高度敏感者来说非常有效，但也会带来一些问题——"治疗"你的羞怯、"克服你的症状"之类的说法毫无益处,只会让你觉得自己有很多缺陷,而且这种方法忽视了你遗传特质中积极的一面。

无论你看到或听到什么建议,请记住,你不需要全盘接受占人口总数3/4的外向者所定义的社交技巧——比如调动听众的情绪、进行良好的交流、不要出现"尴尬"的沉默。你可以有自己的技巧——谈话严肃,认真倾听别人说话、在沉默中进行更深入的思考。

自我测试

现在,你知道自己适合怎样的社交方式了吗?

就下列问题回答"对"或"错",答案在本章最后给出。

- ☐对 ☐错 1. 想办法控制负面的"自言自语"是有益的,如"他大概不喜欢我"或"我大概又要和平常一样失败了"。
- ☐对 ☐错 2. 人们感觉羞怯时,旁边的人很容易看得出来。
- ☐对 ☐错 3. 对别人的拒绝要有心理准备,不要认为是由于你自身的缘故。
- ☐对 ☐错 4. 制订一个克服社交不适症的计划很有帮助,比如尝试每周认识一个新朋友。
- ☐对 ☐错 5. 制订计划的时候,步子迈得越大,就能越快达到目标。
- ☐对 ☐错 6. 最好不要事先排练面对陌生人或在新环境中要说的话,这样做会使你听起来生硬不自然。
- ☐对 ☐错 7. 注意身体语言,身体语言传达的内容越少越好。
- ☐对 ☐错 8. 如果开始或继续一段谈话,最好问一些和个人有点关系,而且三言两语回答不了的问题。

第5章　生性敏感者如何学会更多社交技巧

□对　□错　9. 要想让别人知道你在认真倾听，你坐着时应该向后靠去，手臂和双腿交叉起来，保持表情平静，不要接触对方的目光。对错
□对　□错　10. 不要接触别人的身体。
□对　□错　11. 外出和人们见面之前，不要看报纸——这只会使你烦躁不安。
□对　□错　12. 只要你谈论的话题有意思就行了，并不需要袒露自我。
□对　□错　13. 善于倾听的人会反复推敲自己听到的话，体会对方的感情，然后根据自己的感情而非观点回应对方。
□对　□错　14. 不要告诉别人关于自己的太多细节，这只会使他们嫉妒。
□对　□错　15. 为了使谈话更深入下去，使双方感觉更有意思，有时候不妨谈谈你的缺点和问题。
□对　□错　16. 不要和对方有意见冲突。
□对　□错　17. 如果你在交谈中感觉想要和对方继续交往下去，最好把这一点说出来。

/// 宝拉的故事

　　宝拉是个天生高度敏感的人。她的父母一直说她生下来就很"羞怯"。她一直都知道自己对于声音和混乱的环境要比别人敏感得多。
　　她工作非常能干，在幕后策划组织大型活动很出色。但是却没有升迁机会，因为她害怕当众说话，这使她只能管理最小的团队。其实，有几次工作上需要她组织员工会议，她也做到了。每次遇到这类事情，她都得练习好几个小时，执行各种仪式，才能做好充分

的心理准备。

宝拉看过所有关于如何克服恐惧心理的书，以非凡的意志与恐惧心理作斗争。但是她也意识到，自己的恐惧心理是非同寻常的，于是她又尝试了其他持续时间更长、更激烈的治疗方法。在治疗中，她找到了恐惧的部分原因，慢慢开始克服这种心理。

宝拉的父亲是个习惯性发火的人（现在还是个酒鬼）。他很聪明，头脑清晰，会给孩子们辅导功课。其实，他和孩子们都很亲密，对宝拉不像对她的兄弟那么严厉。但不管怎么说，父亲的怒火对她产生的影响最大。

宝拉的母亲害怕和别人交往，很在意别人对自己的看法，全身心依赖意志坚强的丈夫。她看似任劳任怨，整天围着孩子们转，其实她并不喜欢抚养孩子。她说到生孩子的事总是流露出毫不掩饰的恐惧，对于婴儿也缺少发自心底的爱。因此，宝拉和母亲之间的关系属于非安全型的感情关系。后来，母亲把宝拉当成自己的知己，什么事情都告诉她，超过了一个孩子能够接受的程度，甚至包括她不喜欢过性生活的一大堆理由。父母双方都把他们对彼此的感觉完全告诉了宝拉，包括两个人的性生活。

在这种家庭背景下，宝拉"害怕当众讲话"更像是对他人缺乏基本的信任。她生来敏感，因此很容易处于过激状态。但她在孩提时期感受到的是非安全型关系，这也使她更加难以自信地面对可怕的环境。而且，宝拉的母亲对别人有着一种非理性的恐惧，她也把这一点传给了宝拉。还有一个原因是，宝拉小时候每次想要表达自己的看法时，就会面对父亲的怒火。

还有一个原因是，她感觉自己知道得太多了——父亲也许对她有乱伦的感情，父母双方的性生活等等。

这些问题都不容易解决，但一位称职的心理医生可以使人们意识到这些问题的存在，然后想办法解决。

第 5 章　生性敏感者如何学会更多社交技巧

/// 社交困境中的救场办法

当你不得不闲聊的时候，先决定自己是想说话，还是只想当听众。 如果你只想倾听，大多数人会很愿意说话的。提一些具体的问题，要么就问他："你不参加聚会（或者会议、婚礼、音乐会等等）的时候，都做些什么？"。

如果你想说话（这样你可以掌握谈话的主动，不会感到厌倦），事先做好准备，把谈话引向自己喜欢的话题上，然后你就可以一直说下去。"天气真糟糕，是不是？不过这样也好，我就可以待在家里专心致志地写我的书了。"于是对方肯定会问你在写什么书。或者你也可以说："天气真糟糕——今天没法锻炼了。"又或者"天气真糟糕——我养的蛇可不喜欢这种天气。"接下来的谈话可想而知，一定是按照你所引领的话题内容继续。

记住别人的名字。你也许会忘掉别人的名字，因为两人初次见面时你处于过激状态，注意力不集中。所以，如果你听到别人报出名字，养成习惯，在下一句话中说出这个名字。"阿诺德，很高兴认识你。"然后过两分钟再说一次这个名字。事后回忆一下遇到的人，能够使印象更持久。

提出请求。一些小事情，比如说找些资料，本来应该是不难开口的。但有时候，我们把这些事情列在待办事项表上，看起来仿佛就变成了难办的大事。可能的话，一想到有什么事需要请别人帮忙，马上去说。或者也可以攒到一起，等你感觉心情外向的时候一起问。如果是比较重要的请求，在心里先把它变成小事。不妨想一想，这件事做起来很快的，不会给那个人带来多少麻烦。如果是更加重要的请求，首先要确定找对了人。提出之前，最好找个人预演一下，让对方以各种可能的方式回答你的请求。虽然这并不会使事情好办一点，但是你会觉得心里有底。

推销自己。坦率地说，高度敏感者一般不适合推销工作。但即使你不需要推销商品，在生活中很多时候，也需要推销自己的理念、推销自己担任一份工作、推销我们充满新意的作品。如果你相信有什么可以真正帮助一个人，或者帮助整个世界，你会怎么做？从推销最温和的方式（也是你会使用的方式）开始，比如和别人分享你所知道的某件事物。等到他们理解了这件事物在你眼中的价值，你就可以让他们自己作出决定了。

涉及金钱交易时，高度敏感者经常会内疚，觉得自己拿得"太多了"诸如此类。一般来说，我们不能、也不应该免费提供自己的劳动或产品。我们需要金钱才能继续向社会做出贡献。人们都能理解这一点，和你买东西付钱是一个道理。

学会投诉。即使投诉是合理合法的，高度敏感者也很难做得到，但这值得去做，那些经常对自己的样子感到自卑的人（认为自己太年轻、太老、太胖、皮肤太黑、太敏感等），据理力争会为他们带来力量。

不过，你必须对别人的反应做好心理准备。愤怒是最为刺激的情绪，会激起我们战斗的冲动。无论是你的还是其他人的愤怒，甚至远远看到别人的愤怒，都会带来刺激。

加入小团体。在高度敏感者眼中，加入团队、班级、委员会都是很复杂的事情。我们总是会注意到很多别人忽视了的事情，但我们不想再增强自己的过激状态，于是保持沉默。最后总是会有人问你的看法如何。这种时刻是很尴尬的，但是在团体里却很重要。高度敏感者习惯沉默，随着时间的推移，沉默的人影响力会越来越大。除了想给你一个机会发表意见之外，团体里的人也许会无形中感到担心。你还想参与这个团体吗？你是不是正坐在那里评判他们？你是不是心怀不满想要离开？沉默寡言的成员会吸引很多注意力。也许别人问你的意见是出于礼貌，但这种担心仍然存在。如果你没有抱着足够的热情参与，其他人会非常注意你。然后别人可能会发现，最好的防卫就是在你拒绝他们之前先把你排斥在外。如果你不相信的话，可以试一次。

如果你想做一个比较安静的人，你需要向他们保证，你并不会排斥他们，也不会离开这个团体。告诉他们，即使你只是倾听，也感觉自己属于团体中的一部分。告诉他们，你对团体都有何正面感觉。告诉他们，等你准备好了，你会发言的。

当众发言、表演。这是很多高度敏感者天生擅长的事情。首先，我们总是感觉需要提出一些重要的问题，其他人都忽视了的事情。当别人感谢我们所做的贡献时，我们会感觉得到了回报，下一次再这样做会更容易一点。其次，我们总是做好充分的准备。比如有时候，我们会特意回去看看炉子有没有熄灭，避免发生任何意外（比如房子着火），别人会觉得我们有"强迫症"，但这样想的人远不如我们坚决果断。但如果明知自己面对听众时会紧张，却不为此"拼命准备"，那就太傻了。只要准备充分，我们往往就能成功（这就是为什么所有关于羞怯问题的书，都喜欢列举一大堆政治家、演员和搞笑艺人——他们能够克服羞怯，所以你也能）。

关键还是准备、准备、再准备。你也许并不害怕大声朗读，那就把你打算说的话按稿子读出来，直到你感觉自己已经不需要这样做。要读得好，也是需要准备和练习的。一定要注意重音，读得慢一点。

接下来，你可以进展到使用简短的记录。在人多的场合，我在举手发言或提问之前，总是先写好简短的记录，以免我被叫到的时候脑子里一片空白。

最重要的是，要尽量多找机会在一位听众面前练习，尽可能模仿实际上场的情况。在一天中同样的时间，使用同一个房间，穿上你准备穿的衣服，打开音响系统等，到时候这个场合中就不会有太多新的因素，这就是控制激发程度的最大秘密。如果你这样做了，也许你就能享受其中。

我通过教书克服了对于当众发言的恐惧——对高度敏感者来说，这是个很好的开始。你正在付出，你被人需要，于是你认真负责的一面就展现出来了。听众们原本没有期待娱乐消遣，所以，你为了使这堂课生动有趣所做的一切努力，学生们都会很感激地接受。但学生有时候也是麻木无情的。我很幸运，我在刚开始讲课的大学里，普遍的行为准则是安静、礼貌和公开表示感谢。如果你也能建立起这样的行为准则，对你的教学生涯是很有好处的。有些学生也害怕当众说话，你们可以一起进步。

如果有人在注视你怎么办？他们真的在注视你吗？也许你只是自行创造出了一个自己害怕的内在听众。你可以设想这些观众就在你周围，然后想象他们没有注视你，或者至少没有像你以为的那样一直注视你。

/// 我学肚皮舞的经历

在群体中学习任何一种身体技巧，我总是学不会的，被别人注视会使我处于过激状态，协调性变得一塌糊涂。我会很快落在别人后面，表现得越来越糟。

但这回我扮演了一个新的角色。我想象自己是一个可爱的、讨人喜欢的女教授（这一点很重要），常常心不在焉、忘乎所以，手脚不知道怎么放。她被人带到这个快活的地方学跳肚皮舞，看她笨手笨脚的样子，大家都觉得肚皮舞课更有意思了。

　　这样想的结果是,我知道大家都在注视着我,但是这也没问题。他们在笑,但我听起来是善意的。我稍有进步,人们就会拼命称赞。这个办法在我身上很有效。

下次如果你感到有人在注视你,你要迎着他的目光,学会自嘲。"我们诗人一向不擅长加减法。"或者:"作为天生的机械师,我画出来的任何东西都像是故障发动机的内部结构图。"

有时候,那个场合不管从什么角度看都是令人尴尬的。你脸红一阵子,也就挺过去了。尴尬的处境也是生活的一部分。不过这种情况并不常见。在一次正式场合里,我排在队伍中,我3岁的儿子无意中把我的裙子拽下来了。你有没有过比这更尴尬的经历?也只好事后分享一下自己的糗事了,我们能做的也只有这样。

实际应用
重新看待你的羞怯

回忆一下你出现社交不适症的3个场合。如果可能的话,选择3个区别较大的场合,最好能回忆一些细节。根据以下两个要点,依次重新看待这些场合:

- 羞怯并不是你的性格特质——而是任何人都会感觉到的状态。
- 内向的社交风格和外向的社交风格并无优劣之分。

1. 想一想你当时对那件事的反应,还有你一直以来是怎么看待这件事的。

　　也许你在最近的一次聚会上感到"羞怯"。那是个周五的晚上,刚忙完一整天的工作。你被办公室同事拉来参加聚会,你也希望能结识一位真正的朋友。但其他人都跑开了,你独自待在角落里,感觉自己很显眼,因为完全没有人和你交谈。于是你很早就离开了,那天晚上剩下的时间里都在评估自己的整个性格,整个人生,感觉糟糕透了。

2. 现在你已经知道自己的神经系统是怎样自动运行的,从这个角度重新看待自己的反应。

你也可以假想我在对你说:"好了,让自己休息一下!忙了一天,还要面对这个拥挤吵闹的房间,你的朋友又丢下你一个人,你过去不是也经历过这种聚会吗?一向都很悲剧,完全是在等着时间到了就回家。你愿意当一个内向的人。参加聚会当然没问题,但最好是和熟人一起的小型聚会。否则,去找个看起来和你一样敏感、注重内心世界的人,一起尽快逃离这次聚会。高度敏感者参加聚会就是这样的。你并不是性格羞怯,不可爱。你肯定能遇到有意思的人,建立起亲密的关系。只是你必须选择适合自己的场合。"

3. 现在,你想针对这方面做些什么吗?

你可以给一位朋友打个电话,按照你们自己的方式一起消磨时光。

或者……

第5章 生性敏感者如何学会更多社交技巧

本章"自我测试"答案

现在,你知道自己适合怎样的社交方式了吗?

如果你答对了12道题,我得说,很抱歉让你感到无聊了。你可以亲自写本书了。如果没有答对多少,那么这些答案就是你需要知道的!

1. 对。

"负面的自言自语"会使你一直处于过激状态,很难集中注意力倾听对方说话。

2. 错。

你是一个高度敏感者,你也许会注意到别人的羞怯,但大多数人是注意不到的。

3. 对。

别人拒绝你可能是因为各种各样的原因,与你本身没什么关系。如果你对此感到烦恼,在这种感觉中沉浸一小会儿,然后试着把它抛在脑后。

4. 对。

无论迈出第一步使你多么紧张,要下定决心每天、每星期都迈出具体的一步,积少成多、循序渐进。

5. 错。

如果你能做得到,大步前进当然最好。但既然你有点害怕,害怕自己会失败,一定要对最害怕的那部分自己保证,不要走得太快,即使你坚信自己最终能够克服恐惧心理。

6. 错。

事前排练的次数越多,越不会紧张——也就意味着你会更放松、更自然。

7. 错。

身体语言往往会传达出某种信息。身体僵硬、一动不动有着很多含意，但大多不是正面的含义。最好还是稍微挪动一下身体，表现出兴趣、关注、热情、生气勃勃的样子。

8. 对。

稍微打听一下是没问题的。多数人都喜欢谈论自己的事情，会很高兴你对此感兴趣，不会介意你有点冒失的提问。

9. 错。

无论是站是坐，都应该在合理舒适的前提下，尽量靠近对方。身体前倾，不要交叉手臂和双腿，应该经常和对方眼神接触。如果眼神接触会加强你的激发程度，也可以看对方的鼻子或耳朵——别人不会发现这其中的区别。多利用微笑和其他面部表情（当然不要表现出过分的兴趣）。

10. 错。

当然，视情况而异。但稍微拍拍对方的肩膀、胳膊或手，只会传达出温暖的感觉，尤其是在告别的时候。

11. 错。

一般来说，浏览一下报纸，聊天时可以多一点谈资，也使你和外部世界联系起来。只需避开令人不安的内容。

12. 错。

如果你的目的是建立起一段友谊，而不仅仅是打发时间，那么，袒露自我是很重要的。这并不意味着你必须把自己内心深处的秘密全部展现出来。如果认识没多久就太快地过度袒露自我，反而会引起过激状态。当然，一定也要问一下对方的意见。

13. 对。

比如，有人说自己对一个新项目感到很激动。你可以说："哇，我听说你很激动，感觉一定很棒吧？"先花点时间表达自己的感受，然后再询问项目的具体细节，这样能够展现出你最大的财富：敏感细腻的感情。这样你也会鼓励对方袒露更多的内心世界，而这正是你喜欢谈论的话题。

14. 错。

当然，你并不想显得洋洋自得。但每个人都会希望和一个值得谈话的人交流。花点时间写下关于你自己的一些最好的、最有意思的事情，想一想怎样把这些事情巧妙地融合到谈话中去。不要说"我搬到这里，是因为我喜欢山脉"。而是"我搬到这里，是因为我刚办了一所登山学校"，或者"我特别喜欢用山做背景，拍珍稀食肉猛禽的照片"。

15. 对

——但是要谨慎行事。第一次见面时，不要展现出自己太多的缺点和问题。你也不希望被别人看作唯唯诺诺的人，或者不知道怎样才能举止得体。但如果你坦率承认自己存在人类天性的缺陷，同时传达出自己仍然很喜欢自己的感觉，这样也是有积极意义的，我最喜欢《星际迷航：下一代》里面皮卡德上尉的一句台词："我一生中犯了很多美好的错误。"这句话同时表现出了谦逊、智慧、自信！当然，如果对方向你袒露出一些痛苦或尴尬的事情，那么如果你也能这样做的话，谈话就会变得深入得多。

16. 错。

多数人会喜欢有一点点冲突。再说，冲突的焦点也许对你来说很重要，也会使你了解对方的为人。

17. 对。

当然，你应该花点时间确认自己的真实感觉，也要做好心理准备，偶尔会被拒绝。

第6章
跟随天分应对职业

只要找到适合自己的方式，
几乎没有什么事情是你做不到的。

/// 高度敏感者的职业

许多高度敏感者最关心的话题就是职业、谋生、工作表现,这是理所当然的,因为我们无法承受长时间的、充满压力的、带来过度刺激的工作环境。但是,我们在工作上遇到的很多困难,都是因为我们对自己的工作角色、工作方式和潜在贡献不满意。

我们前面提到过,世界上攻击性较强的文化,包括所有的西方社会,都起源于一种最初的社会组织,它把人们分成两个阶层:一个是骁勇善战、刚毅威猛的勇士和国王;另一个是深思熟虑、学识渊博的牧师、法官和参谋。这两个阶层之间的平衡,关系到这类文化的生死存亡,大多数高度敏感者天生倾向于成为参谋阶层。

并不是说所有的高度敏感者都要成为学者、神学家、心理治疗专家、咨询顾问、法官,虽然这些都属于典型的参谋阶层的职业。无论从事的是什么职业,我们工作的方式肯定不同于勇士,而更像牧师或参谋——在各方面都会深思熟虑。在社会或一个组织、团体里,如果没有高度敏感者站在领导的位置上,勇士的特点就难以发挥(缺乏理性或直觉的冲动决定,滥用武力和权力,奋不顾身的冒险,这是他们天生的特质)。

高度敏感者还善于不断丰富自己的知识和阅历。人生阅历越丰富(当然是在我们可承受的范围内),我们提出的建议越是充满智慧。

让高度敏感者接受教育是很重要的,这样才能充分发挥其安静细致的特点。坚持守护高度敏感者的传统职业——教育、医疗、法律、艺术、科学、顾问、宗教等领域,让他们安静且重要的贡献得以彰显,应该说,对社会进步是有利的。这并不意味着不敏感的人不适于进入这些领域。随着这个世界变得更加复杂,更加充满刺激,非高度敏感者很自然地会更加游刃有余。兼有高度敏感者的参与,我们的事业将更加蓬勃发展下去。

/// 去做令你受到召唤的工作

根据卡尔·荣格的思想,我们把每个人的生活都看作一个个体化的过程——你降生到人世,就是为了探索问题,寻找答案。没有找到答案的问题也许是祖先遗留下来的,但是你必须以自己这一代人的方式寻求答案。这个问题并不容易回答,否则也不需要穷尽一生的时间来追求。关键是,寻求答案的过程能使灵魂得到深深的满足。

神话领域的学者约瑟夫·坎贝尔在勉励那些为职业而努力的学生时,把这一个体化过程称之为"追求快乐"的过程。他强调,这并不意味着只去做容易做的、有意思的事情,而是指从事感觉最适合你、令你受到召唤的工作。能从事这样的工作是人生最大的幸福。

个体化的过程需要强烈的敏感性和直觉性,这样才能知道自己是否以正确的方式处理问题。身为高度敏感者,你天生就是这个材料，就好像赛艇设计出来就是为了迎风航行一样。在广义上来说，高度敏感者的职业就是要根据个人感觉追求最适合自己的职业。

问题在于，高度敏感者追求快乐时，谁会支付报酬呢？荣格一贯坚持认为：无偿养着这类人是大错特错的。这一点我完全同意。如果不迫使高度敏感者面对实际，那么他会和世界的其余部分完全失去联系，变成一个空谈家，完全没有人理会他在说些什么。

一个人怎样才能在赚钱的同时遵循心灵受到的召唤呢？

一种办法是，找到我们自己最快乐的道路与这个世界最需要的道路（也就是会得到报酬的道路）之间的交叉点。在这个交叉点上，你既能做自己喜欢的工作，又能从中获得报酬。

其实，在人的一生中，职业与赖以谋生的工作之间的关系是多种多样而且不断变化的。有时候，你工作只是为了赚钱，而职业只能在业余时间从事。爱因斯坦就是个很好的例子，他的相对论是在专利事务局工作期间提出的，他很高兴能有这么一份不怎么费心的工作，正好可以自由思考自己认为重要的事情。

也有时候，我们能找到或创造一份能够满足我们职业爱好的工作，所得报酬至少能够糊口。有很多工作能够满足这一要求，而且随着阅历的增长和职业的深入，能够满足这一目的的工作也会产生变化。

个体化最重要的是指能够从所有的噪声中，听到自己内心发出的声音。我们有些人总是在应付别人的需要，也许是出于责任，也许是为了达到成功——金钱、名誉、安全感。然后别人就会把压力加诸我们身上，因为我们不想让任何人不高兴。

有很多高度敏感的人最终进入了所谓的"自由"状态，虽然有的要到后半辈子才能实现。他们更加关注自己内心的疑问和内在的声音而非别人要求他们回答的问题。

有时由于太想取悦于人，我们很难实现自由状态。然而，我们的直觉也听到了内心提出的必须回答的问题。这两种强烈而互相冲突的想法，可能在好几年之内都会对我们造成很大的冲击。如果你走向自由的过程进展缓慢，不要担心，因为这是无法避免的。

———重新看待你过去的职业选择———

列出你的主要职业或工作变动。写下你以前是怎么看待这些事情的。

也许你的父母希望你成为医生，但是你知道自己不适合。你想不出其他更好的理由，也许只好默认自己"心肠太软""缺少积极性"。

现在，从高度敏感这一特质出发，重新审视当时的选择。比如大多数高度敏感者根本不适合医学院那些刺激的课程。

新的认识有没有告诉你应该怎么办？拿上面那个例子来说，如果父母仍然坚持他们负面的看法，你需要和他们讨论一下自己对医学院的想法。要么也可以选择学习与医学相关的专业，如病理学或针灸，这些学科的教育方式有所不同。

/// 培养决断力和自信

有些高度敏感的人在寻找自己的职业时，可能会有一番挣扎，而且自己的直觉也帮不上什么。其实，直觉也会阻碍你前进，你会听到太多内在的声音，列出太多的可能性；也许直觉使你只想为他人服务，很少想到自己物质上的收获。这样一来，你就无法追求更精致的生活方式，发挥艺术天赋的梦想也成了泡影。

是一直向往宁静的生活，一切以家庭为中心？还是应该把重心放在精神生活上？但精神生活与世俗生活相比，可望而不可即；也许保护大自然生态的工作会使你最快乐，可是人类又有那么多的物质需要……所有这些声音都很强烈。哪一个才是对的？如果你的内心充斥着这些声音，你很可能会难以做出各种决定，直觉敏锐的人经常会有这样的困扰。

无论你选择哪种职业，都得好好培养决策的技能。所以，现在开始筛选，把职业选择减少到2~3种。你可以列个表，比较优点和缺点。也可以假装自己已经下定决心从事某种职业，先过个1~2天甚至更长时间再仔细看看。

直觉敏锐且性格内向的高度敏感者还会面临另外一个问题：我们也许并不是很了解事实。我们会跟着直觉走，不喜欢提问。但是从他人那里收集具体资料，是个体化过程的重要组成部分，对性格内向或直觉敏锐的人尤其如此。

如果你感到自己"就是不行"，这说明在你了解自己职业的过程中还存在着第三种障碍：缺乏自信。在内心深处，也许你明白自己真正想做的是什么。但你却选择了一种不可能有所成就的工作，只为避免去做自己真正想做、也有可能成功的职业。也许你仍然心怀困惑，不知道自己能做得到什么，做不到什么。

在大多数职业中，按照社会文化的标准，有些事情是成功的关键——也许是当众发言或表演，也许是忍受噪声、开会、建立关系网、搞办公室政治、出差——但身为高度敏感者，这些事情对你来说好像充满了困难。不过现在你已经知道自己感到困难的具体原因，你可以想办法避开这些事情引起的过激状态。只要你找到了适合自己的应对方式，几乎没有什么事情是你做不到的。

高度敏感者缺乏自信是很容易理解的。很多高度敏感者会觉得自己存在缺陷。也许你想努力取悦别人，但只不过是别人道路上的一座桥，别人也不会把你当回事，只是被踩在脚下的桥梁而已。但是，如果你从来都没试过，为什么会觉得这比死还可怕呢？

你说自己害怕失败。是哪一个内在声音说的呢？是那个明智的、会保护你的声音？还是那个批评的、会使你无所作为的声音？为了继续走下去，你会假定这个声音是对的，假定自己会失败。但别忘了那些通过努力取得成功的人，很多电影都是这样的主题。我知道也有人努力过，但却失败了，这样的人也不少。他们也许浪费了大量金钱和时间，但他们还是很高兴自己尝试过了。现在他们正朝着新的目标前进，他们从自身以及从世界中学到的东西，使他们比以前更加充满智慧。只要努力，就不存在全然的失败，总会有所收获。至少他们现在要比当初坐在一边旁观的时候更加自信。

最后，在寻找自己的职业时，请务必参考关于职业选择的优秀书籍和服务机构。但要始终把自己的敏感性作为一个重要的考虑因素，大多数职业咨询师都不会涉及这一点。

/// 把热爱的职业变成赚钱的工作

如何把自己的爱好变成赚钱的工作？针对这方面有很多不错的书籍。要把你真正热爱的职业变成一份能拿到薪水的工作，往往需要创造一种全新的服务或行业，也就意味着自己创业，或者在你现在工作的地方创造一个新的职位。

抛开每个人都需要建立关系网、依靠人脉等才能把工作做好的印象，对于高度敏感者来说，另一些方式同样有效，而且更加令人愉快——例如写信、发电子邮件；再比如只和一个人打交道，由这个人联系其他人，或者和外向的同事一起出去吃午餐，了解他参加的每次会议的内容。

另外，你需要信任自己的一些优点。你直觉敏锐，能够比别人更快地研究市场动态，捕捉到市场需要。如果有什么东西使你激动不已，其他人听了你的理由后，很可能也会有同感。如果你的兴趣不是太过不同寻常，应该能够融入现有的工作环境。如果确实比较少见的话，你很可能成为这个领域中顶尖的专家，很快就会有需要你的地方、需要你的人，尤其是当你与人们分享了自己的观点之后。

虽然有些研究发现，那些所谓"羞怯"的人收入比较少，但其实有很多高度敏感者的职业收入丰厚，如行政管理人员、经理、银行家。这些研究之所以会认为所谓羞怯的调查对象收入不高，也许是因为错误地理解了调查数据，一些调查资料显示：自称是家庭主妇（主夫）或全职父母的人（不仅仅是女性），高度敏感者是非高度敏感者的两倍。如果把这些人视为没有收入，显然会拉低这个群体的平均收入。但这些人为家庭所做的劳动、努力、贡献等，计算报酬的话费用是很高的，相当于他们为家庭增加了可观的收入。事实上，社会也从这些工作中获益匪浅。例如，关于育儿的研究不断发现，"敏感"这种难以捉摸的特性，会在照料孩子时起到关键作用。

几年前，有一位高度敏感者热衷于电影和录像，她在一所大学担任图书管理员，向校方提议建立一个先进的电影录像部。她当时就已经看到了这类媒体在教育领域的前景，特别是在公共继续教育部门。如今每个人都看到了这一点，现在她的电影录像资料馆是全美国最好的一家。

自己开公司（或者在一个大型组织里获得完全自主的权力），对于高度敏感者来说是一条很合适的道路。可以自己控制工作时间、外部刺激，与哪类人打交道，也不用应付上司和同事。而且，和很多初次创业或小型企业家不同，你在可能承担任何风险之前，都会认真做好研究和计划。

不过，你需要注意自己的某些趋势。如果你是个典型的高度敏感者，那么你很可能是个容易焦虑的完美主义者；你可能是个工作要求最严格的主管，比你自己的上司都严格；你也可能必须克服抓不住重点的毛病；你的创造力和直觉会给你带来无数的新点子，但是你不得不在早期就忍痛割爱，放弃绝大部分；你必须做出各种困难的决定。

如果你还是个内向的人，你要更加努力接触外界、了解市场。你可以找个外向的人作为合伙人或助手。由合伙人或雇员来面对各种各样的额外刺激，这确实是个好办法。但如果他们作为缓冲隔在你和世界之间，没有直接接触，你的直觉就无法起作用，你需要安排与服务对象直接接触的时间。

/// 以艺术为职业

几乎所有高度敏感者都有艺术气质，也喜欢表现出这一面，或者能够深入欣赏某种形式的艺术。有些高度敏感者会以艺术作为职业，甚至完全靠艺术谋生。几乎所有针对杰出艺术家的个性进行的研究都表明，他们性格中的核心部分就是敏感性。不幸的是，敏感性也与一些精神疾病有关。

艺术家一般都单独工作，磨炼自己的技巧，提炼创造性的想象力。但无论哪一种方式的离群索居，都会使人更加敏感。当我们终于展现出自己的作品、进行表演、为人们解释、卖出作品、读着评论文章、接受批评或者赞扬时，我们已经变得极其敏感了。完成了一项重要作品或结束了一次表演后，会产生失落与迷惘的感觉。从无意识中不断涌现的创意，找不到出口。艺术家们更善于激发和表现出那种力量，却不太了解力量的源泉，不知道那种力量能够产生怎样的作用。

有些艺术家会不得不求助于毒品、酒精和药物，希望能控制住自己的兴奋，或者再次与内在的自我建立起联系。但这样做的长期结果就是使身体进一步失去平衡。此外，艺术家们普遍存在一种迷信或误区，认为心理治疗会使艺术家变得过于正常，毁掉他们的创造力。

高度敏感的艺术家们最好能深入思考一下围绕着艺术家的神话。满心苦恼、性情极端的艺术家，是我们的文化中最有传奇色彩的人物形象之一，毕竟如今圣徒、侠客、探险家之类的人都日渐稀少了。我记得，有一位教艺术创作的老师曾经在黑板上列出几乎所有著名作家的名字，然后问我们这些作家有什么共同之处。答案是他们都尝试过自杀。我不知道班上的同学们是把这视为悲剧，还是看作他们艺术生涯中富于传奇色彩的一面。

身为心理学家和艺术家，我认为这是个很严重的问题。一旦某位艺术家精神失常了，或者自杀了，其作品的价值立刻飙升，这种情况屡见不鲜。尽管艺术家的生涯就像英雄和冒险家一样，对于年轻的高度敏感者极具吸引力，但这也可能是某些一生庸庸碌碌的人无意识中设下的陷阱，这些人无法实现自己成为艺术家的梦想，于是想让别人代替他们实现，代替他们展现压抑在心底的种种疯狂想法。艺术家隐居创作时，只会面临轻微刺激，而作品公之于众后，刺激会增强，只要了解这两种影响会交替出现，敏感的艺术家们所承受的痛苦，有很大一部分是可以避免的。

我不知道这种看法是否能被人们广泛接受，但人们首先需要了解：认为艺术家精神状态不稳定是必然的也是必需的，这只是一种误解。

/// 以助人为职业

高度敏感的人能够敏锐地意识到别人的痛苦，他们往往凭直觉就很清楚怎样做才能减轻这种痛苦。因此，很多高度敏感者选择服务方面的职业，并做得十分出色，而且有很多人都"鞠躬尽瘁，死而后已"。

想要对别人有所帮助，你并不需要在工作岗位上把自己累垮。很多高度敏感者坚持奋战在前线，面对最强烈的刺激。如果让他们留在后面，然后派别人去做他们认为很繁重的工作，他们会有罪恶感。读到这里你可能已经明白，有些人其实很适合前线工作，而且他们也喜欢这种工作。为什么不让他们满足自己的愿望呢？后方也需要人，需要有人瞭望战场、出谋划策。正如有些人喜欢做饭，有些人喜欢洗碗一样。烹调是我最喜欢的事情之一，很多年以来，我做完饭后，决不把洗碗之类讨厌的活儿丢给别人。后来终于有一天，我亲耳听到有人说，他真的很喜欢洗碗，并很讨厌做饭。

有一年夏天，我到绿色和平组织的彩虹号战舰上参观，听水手们讲起冒险故事：他们曾经拦在大型捕鲸船的船头之前，或者一连几天都处于鱼雷和机枪的射程之内。虽然我很喜欢鲸鱼，但可以设想在那种情况下，我只会带来麻烦，不可能帮得上忙。但我知道，在那些场合我可以通过其他方式提供支持。

总之，你不必承担压力过大或过度刺激的工作。自有其他人会去做并乐于做、擅长做，他们会干得格外出色。你也不必工作太长的时间，说真的，也许你的责任就是工作时间短一点，以便让自己保持良好状态，发挥更加出色。当然最好不要张扬得人人皆知，但保持自己身体健康，状态良好，把刺激程度控制在适当范围内，是你帮助他人的首要任务。

/// 不要累垮自己：教师格雷格的经验

格雷格是一位高度敏感的教师，他深受学生和同事的尊敬和喜爱。他来找我谈心，说他想辞去这份他唯一喜欢的职业。他认为我也会同意他的想法——高度敏感者不适合教师这种职业。我同意，教书确实是一份很困难的工作。但我也认为，优秀而敏感的教师对于个人幸福和社会进步来说，都是不可或缺的。我不希望看到像他这样出色的人才就此离开教育领域。

我和他一起讨论了这个问题，认为一个敏感而有爱心的人非常适合做一名教师。虽然教书几乎像是为高度敏感者量身定制的职业，但压力会使他们很难长期担任教职。他意识到，自己需要改变一下工作方式。说真的，这是他的责任。不必放弃教书，只要不让自己过分劳累，反而能为社会做出更多的贡献。

从第二天开始，格雷格打算每天下午4点就停止工作。这需要他花费很大精力寻找完成工作的捷径。然而很多方法都不太理想，这使他这个天性认真的人颇为烦恼。他觉得千万不能让同事和校长发现自己新的工作习惯，不过他们还是很快就发现了（校长看到格雷格本职工作完成得很好，心情也更加愉快，也就同意他这样做了）。有些同事也模仿他的做法，有些虽然又羡慕又生气，却没办法改变自己的工作方式。十年过去了，格雷格仍然是一位很成功的教师，同时也是一位心情愉快、身体健康的教师。

可能你也会在自己已经筋疲力尽的时候仍然坚持工作着。但这样一来，你无法与自己内心深处的力量对话，却产生了一个自我毁灭的行为计划，不但自己受尽折磨，也会使别人感到内疚。最后你会像格雷格一样想要辞职，或者因为身体原因不得不辞职。

/// 商界中的高度敏感者

商界无疑低估了高度敏感者的价值。这些人才华横溢、直觉敏锐，同时又认真负责、不肯犯错，他们理应是老板看重的雇员。但如今，争斗、开拓、扩张就是成就的代名词，于是他们就显得不太适合商界了。

商业也可以视为一种艺术，需要艺术家；商业是一种预言性的工作，需要有远见、有洞察力的幻想家；商业有社会责任，需要法官的公正；商业是生产性的工作，需要农夫种地或父母养育子女的技巧；商业是教育公众的挑战，需要教师的教育才能，等等。

不同的公司区别很大。在一家公司任职时，要注意企业文化，你也许有机会影响这家公司的企业文化。注意倾听人们的话语，同时也要利用自己的直觉。受到称赞、获得奖励、能够升职的都是什么人？是那些提倡坚韧不拔、鼓励竞争、不敏感的人？是发挥创造力和前瞻性人才的优势？是注重创造和谐、鼓舞士气？是加强客户服务？还是重视质量管理？高度敏感者在不同程度上擅长所有这一切。

/// 天才的高度敏感者应对工作关系

由于高度敏感者本身的特质，应该肯定所有的高度敏感者都是天才，有些高度敏感者天分尤其突出。之所以会出现"解放"高度敏感者的理念，有一个原因是，他们身上奇怪地混合了各种特质。针对天才成年人的很多研究表明，他们的特点包括：冲动、好奇、需要独立、精力旺盛，同时性格内向、直觉敏锐、感情细腻、特立独行。

然而在工作场所，很难把握好怎样应用自己的天分。首先，如果你必须在集体场合提出自己的意见，你的创造力很可能会带来问题。很多公司都注重集思广益，就是因为这样能够从你这样的人身上引出想法，然后由其他人进行调整。听了别人提出的想法，你会觉得自己的想法显然要好得多。可是别人似乎并不这样想。如果你加入一个集体中，你会觉得无法表现出真实的自己，对于集体取得的结论也无法苟同。而如果不加入集体，你又会觉得受到冷落、被人忽视。如果你遇到一位好经理或好上司，他能够看到这些问题，会保护一个天才雇员。否则的话，也许你只能另谋高就，找一个能够发挥自己天分的地方。

有时，你会对自己的工作和想法感到极度兴奋。由于你表现出来的兴奋，别人会以为你要冒很大风险。但你自己明白，风险并不大，因为你很清楚会有怎样的结果。但这并不表示你不会犯错，别人可能会对你的失败幸灾乐祸。还有，那些不知道你处在兴奋状态的人会说你整天都在工作，他们很可能对你感到不满——你使他们显得很不努力。但对你来说，工作就是娱乐。不工作不一定是休息。如果你就是这样的人，那么你也许有必要不要让别人知道你工作时间很长，只要让你的上司知道就行了。

不过，最好还是不要长时间工作。不妨把正面的兴奋状态也看作是一种过激状态，努力做到劳逸结合。这样你的工作会得到更好的成果。

你的兴奋状态还会造成另一种结果，你的头脑一直都在不断思考，在手头的项目只剩下收尾的琐碎工作时，你会等不及地冲向下一个项目，这样就可能出现你播种别人收获的局面，你经常只能面对现实。

天才的另一个特点是感情细腻，你很可能会因此卷入别人复杂的私生活。在工作场所，这尤其不是个好现象。你得建立起职业场所的保护壳。特别是在工作时，你需要和不那么敏感的人长时间一起工作，双方可以彼此平衡。至于那种更加激烈的关系，那种能满足你所追求的深入感情需要的关系，应该在工作圈子以外发展。

还有一种关系也应该在工作圈子以外寻找，那就是你的敏感性带来情感风暴时庇护你的安全港湾。不要在同事中寻找这种港湾，尤其不要考虑你的上司。他们只会觉得你很难应付，也许会认为"你有什么地方不对劲"。

天才还有一个特点是直觉敏锐，这一点在别人眼里会像魔法一样神奇。他们看不到你所看到的——这个对比就像是"肤浅的表面"和"真正在发生的事"一样。所以，你的想法如果与众不同，你必须做出决定，是诚实地面对自己的想法，还是随波逐流，以别人的眼光看待事物，私下里感到自己有点格格不入。

最后一个特点是，你的天分会使你产生一种领袖的魅力。别人也许会希望由你引导他们，这样他们就不用自己引导自己。这是一种会令人自鸣得意的诱惑，但到了最后，你只会觉得好像自己剥夺了他们的自由。

从你的角度看，别人从你这里获益多多，却没有多少回报。最初，与人分享也许只会使你感到失望。但如果就此远离他人，只会使你更加格格不入，其实你还是需要别人的。

要解决这些问题，也有一个办法：不要坚持把自己的天分全部用在工作上。你可以通过自我规划、艺术、展望未来，或者在工作的同时另外兼职，尽量通过生活本身表现出自己的天分。

换言之，在更广泛的范围中运用你的天分，而不是只在工作中提出引人注目的想法。利用自己的天分更深入地了解自我，获得人类在团体及组织里的智慧。如果你以此为目标的话，你就可以远远坐在后面角落里，只看不说。你也可以作为一个普通人，而非一名天才来参加讨论，体会一下这是什么感觉。

无论是在工作场所还是别的地方，都要和各种各样的人保持接触，要知道，没有哪个人可以完全了解你的一切。也要接受另一个事实：接受伴随着与天才同来的孤独，也许是最自由、最有效的方法。但是也要接受相反的事实：你不需要觉得与世隔绝，因为从某种意义上来说，每个人都是天才。

/// 说服别人欣赏自己的敏感特质

从很多方面来看，高度敏感特质都是一笔财富，无论你是自己做老板还是为别人工作。别人需要做出很多努力，才能消除以前对于敏感的错误观念，真正欣赏这种敏感特质。如果连你自己也意识不到自己性格的长处，那就更不可能说服别人了。

按照以下内容来做，不要放弃。

列出高度敏感者可能具备的所有优点。类似于集思广益的时候，接纳所有想法。不必考虑非高度敏感者是否也具备同样的优点，只要这些优点在我们身上更加明显就足够了。然后利用各种各样的方法：根据基本的敏感特质进行逻辑演绎；思考一下你对于典型高度敏感者的印象；想一想你认识和钦佩的高度敏感者。

你的列表应该很长。继续下去，直到你的列表内容非常充实。

接下来请你做两件事：第一件事，写一篇简短的演讲词，在面试时使用；第二件事，再写一封更正式的求职信，要在演讲词和求职信里表现出你的优点,在字里行间突出你的敏感特质,不知不觉地说服你的雇主。

下面给出一个例子,作为求职信也许不够正式,仅供参考。

> 我有十年育儿经验,对于平面艺术有丰富的知识,在排版方面也有实际经验。我觉得这一切与我独特的性格和气质是分不开的——我是个极其认真负责、始终如一的人,总是尽可能把事情做好。
>
> 同时,我的想象力丰富,创造力很强(在校成绩优异,智商很高)。我对于工作直觉敏锐,这是我的最大长处,我经常能看到潜在的问题和错误。
>
> 但我并不是一个小题大做的人。我喜欢周围保持安宁平静。我在心情平静、环境和谐的时候,能够处于最佳工作状态。所以大多数人觉得和我一起工作非常愉快。对我来说,独自一个人工作很愉快,和少数几个同事一起工作也一样愉快。我独立圆满完成工作的能力,一直都是我另一项最大的长处……

/// 学习与培训

参加培训很容易使人处于过激状态,因为旁边有人观察的时候,你就会表现不好,你也可能因为其他原因处于过激状态——例如,一次接收了太多信息,旁边有太多的人在说话或者在拼命学习,想象自己万一记不住某些内容会有怎样的可怕后果。

如果可能的话,你可以自学。把学习资料带回家,或者下课后留下来自己操作。或者安排一对一的培训,老师最好是能让你感到放松的人。请老师教你一个步骤,然后让你单独练习。下一步,找一位不会让你感到紧张的人看着你做,可不要找你的上司。

/// 争取舒适的工作环境

如果你是个更敏感的人,你希望身边不要有令人不适或带来额外压力的东西。一个看似安全的工作环境,仍然可能为你带来压力。同样,日光灯的光线、轻微的机器噪音或化学气味,对别人来说也许都没什么问题,但对你来说却不一样。每个人的感觉都不同,即使在高度敏感者的群体内部,也存在差异。

如果你真的需要反映一下这个问题,首先实事求是地想一想你要抱怨的是什么。一旦决定要说,提一下你自己为解决这个问题做出了多少努力。强调你的工作效率和取得的成果,以及如果这个问题能解决的话,你会表现得更好。

/// 以不一样的方式争取晋升

研究表明,"羞怯"的人一般薪酬过少,与同等水平的人相比职位偏低,很多高度敏感者确实存在这方面问题,虽然有时候是我们自己的选择。但是如果你希望升职,或者公司正在裁员,而你不想被解雇,那么你就得注意策略了。

高度敏感者一般都不喜欢"政治手腕"。但是这本身会使我们受到怀疑。我们会因各种不同的原因被误解,特别是我们在工作场所和别人相处的时间不长,或者不和他们交流自己的想法,问题就更加严重了。别人可能认为我们冷漠、高傲、不合群。如果我们也不喜欢出风头,就会被人们视为对一切漠不关心,属于无能之辈。这些看法通常都是无稽之谈，但你必须注意这些看法的力量，想办法消除人们的误解。

在适当的时机，随意地（或正式地）告诉大家，你对同事和公司有着正面的感觉。你也许以为自己的想法是很明显的，但如果你为人低调，别人也不是很细心，人们很可能并没有注意到。你也应该考虑一下，是否有必要公开谈谈你对公司的贡献，你想在公司里升到什么位置，打算用多长时间实现自己的目标。

同时你要明白，如果只是每周向公司递交一份最近的工作业绩报告，并不能保证下次晋升时公司会考虑你。你应该记得你取得的成绩，适时提出来。下次和你的上司谈话时，总结一下这些成绩。

如果你不想做这件事情，或者一个月之后发现自己还没有开始做，那么你需要深入思考一下原因何在。你是否觉得这样做是夸耀自己？你想想，如果不让上司和公司知道你的价值所在，反而会为公司带来很大的伤害。你迟早会感到不满，决定离职，或者被解雇，能力不如你的人反而保住了位置。

你是否希望别人会主动注意到你的价值，不需要你的提醒？这是一种很普遍的愿望，儿童时代即已产生，但在这个世界上很难得到满足。

如果你几乎没取得什么成绩呢？你应该把自己看重的事情记录下来——骑车驶过的小道、读过的书、和朋友们的交谈。如果工作之外的其他一些事情占据了你大部分精力，也许这才是你真心喜欢做的事。有没有办法靠这些事来赚钱呢？如果照顾孩子或年迈的父母等家庭责任占用了你的大部分时间，你应该为自己履行了责任感到自豪。这也属于你的成就，但一般来说还是不让雇主知道为好。

/// 贝特的职场风云

贝特是一名高度敏感者，找我进行过心理治疗。她经常谈到的一个问题就是工作中遇到的挫折。心理医生无法完全了解实际发生的情况，因为我们只听到一面之词。但从谈话中听起来，贝特工作做得很好，却从来得不到提升。

有一次，她做了一件在我们看来大多数上司都会夸奖的事情，却因此受到批评。尽管很不情愿，贝特还是开始猜测上司是不是想"赶她走"。上司的个人生活很不如意，前任上司曾经提醒贝特，这个人可能会"在背后中伤她"。

大多数雇员和新来的上司都相处得很不错，但是贝特凭直觉知道，他们只是因为害怕上司才违心地附和她。贝特的年纪要比上司大得多，只当她还不够成熟，并不当她是威胁。贝特工作热诚、认真负责。她经常受到来访者的赞扬，暗示贝特是她所在的部门中最能干的人。她想自己没有什么好怕的，然而却忽视了上司的嫉妒。不过那个时候，贝特不愿往坏处想别人。

最终，贝特开始采取一些措施，去人事部门要求查看自己的档案（这家公司允许这样做），她发现上司给她的评语完全不符合实际情况，贝特请她写进去的正面评语完全没有见到。

贝特终于不得不承认，她陷入了与上司之间的权力斗争，但是她不知道该怎么办。实际上，她反复说自己不想自降身份，和这种敌人纠缠。

在我看来，关键是要帮助贝特看清楚，为什么她会成为上司针对的目标。其实，她承认这在她的工作经历中已经不是第一次了。我猜想，在这种情况下是因为她看起来冷漠、高傲，从而对一位地位不稳固的年轻上司构成了威胁,虽然这种印象并不正确。但潜在原因则是贝特没有看到,甚至拒绝看到,自己正面临冲突。

在这次和以前的工作中,贝特很容易成为别人针对的目标,因为她总是"不合群"。像很多内向的高度敏感者一样,她喜欢上班时做好本职工作,下班就直接回家,避开各种会带来刺激的社交活动。她经常告诉我:"我不喜欢像别人那样说长道短。"她这样的做法,一种影响是,她对于各种小道消息一无所知。她应该强迫自己戴上人格面具,和大家闲聊几句,哪怕只为了保护自己,知道正在发生些什么事情,所谓的"朝中有人好办事"。另一种影响是,在某种意义上,她是在排斥他人,或者至少给人以这种感觉。于是人们也不会主动帮助她,从而上司也会毫无顾忌地针对贝特。

贝特还犯了另一个可以理解的错误,这种错误在高度敏感的人身上是很典型的,她完全没有意识到上司身上存在着"阴暗面"或者不理想的一面。其实,贝特很容易把上司理想化。她指望从管理阶层那里获得善意的帮助和保护。如果事与愿违,比如这次的情况,她准备找上司更上面一级的领导寻求帮助。但是她却认为,"正确的做法"是让上司知道她打算做什么!当然,她的上司为了打击她,会联合上级一起对付贝特。而另一位被她过分理想化的管理者,也理所当然地表现得像个凡人。

我告诉贝特要精明一点,学会"政治手腕",一开始,她觉得我是让她同流合污。但我知道,她这种纯洁肯定已经罩上了长长的阴影,后来,她先是梦到一只关在羊圈里发怒的山羊,然后是一个街头小流氓,最后是一个非常老于世故的女商人。贝特逐渐了解到这些梦中形象的含义,每个形象都使她意识到,自己身上原本就存在着一些东西,只是从未使用过,而且因为不愿接受而极力压抑。这些梦中形象告诉她至少要稍微提防一下别人,特别是被她理想化了的人(包括我在内)。

贝特继续深入自我反思——很多时候显然需要极大的勇气和智慧——贝特承认自己对每个人的动机都有着强烈的怀疑，但她以前却一直压抑着怀疑，认为这是自己性格中不好的一面。现在她更加注重自己的怀疑，也开始认真考虑自己的怀疑，这样她反而能够更加信任某些人，也更加信任自己不再自相矛盾的直觉。在本章结尾处，你将有机会面对自己内心的力量。

/// 可以避免的和无法避免的遗憾

我们一生中有很多事情都不可能实现。虽然很难面对，但身为凡人，这也是必然的。在寻求人生答案的过程中，如果能够略有进展，那该多好！如果在这个过程中还能找到赚钱的办法，那就更棒了！要是在寻求答案的过程中，如果能够与他人合作、和睦相处、彼此欣赏，那简直就是奇迹了。如果你有这样的福气，一定要好好珍惜。如果你还没有得到这些，我希望你现在已经知道要怎样努力了。

另外，你也许只是不得不从事目前的职业，要么是因为各种责任使然，要么是因为社会文化不看重你的敏感特质。如果你能心平气和地对待这一点，你就是一个最有智慧的人。

实际应用
找到你的马基雅维利

马基雅维利是文艺复兴时期意大利王储的参谋，他在一些著作中露骨地告诉你应该如何向上爬，如何把别人始终踩在脚下。他的名字成了"朝中"投机钻营、谎言连篇、失信背叛，以及所有阴谋诡计的代名词。我并不建议你变成马基雅维利这样的人，而是想提醒你，越反感他的品质，越是要注意隐藏在自己和别人身上的这些东西。你越是声称自己对这些事情一窍不通，越会被自己和别人身上隐秘的阴暗面所困扰。

总之，任何人包括你身上某个地方也藏着一个马基雅维利。没错，他是个残酷无情的背后操纵者，但如果身边没有参谋具备敌人那样冷酷残忍的眼光，没有哪位王储，特别是心地善良的王储，能够长期坐稳江山。诀窍在于，仔细倾听马基雅维利的意见，同时让他老老实实待着。

也许你已经知道自己身上的这一面。不过，让这部分自己更加有血有肉，想象一下这部分自己看起来是什么样子、会说些什么、叫什么名字（很可能并不是马基雅维利）。让他给你讲讲你所在公司的一切。问问他：

谁在做些什么向上爬？
谁想赶走你？
你自己该做些什么才能获得晋升？

让那个声音好好说说。注意保持自己的价值观和性格中好的一面，想一想自己都学到了什么。比如，

你是否得知有人正在使用不正当的手段，危害你和公司的利益？

这个内心声音是否有点多疑，还是你早就有这样的怀疑，只是不愿承认？

你是否能采取一些明智的措施，对抗这些阴谋，或者至少保护自己？

第 7 章

高度敏感者的亲密关系

爱，因敏感而丰富：浓烈，柔软，神圣，细腻，思索，宽容，勇气……

科拉是一位64岁的家庭主妇和儿童作家。她只结过一次婚，只有过"唯一的性伴侣"。她郑重地告诉我"她对于生活中的这方面非常满意"。她的丈夫迪克"绝对不是个高度敏感者"。经过多年磨合之后，他们双方都很喜欢对方为婚姻带来的一切。

马克是一位50多岁的教授和诗人，也是研究T. S. 艾略特的专家。他没有结过婚，住在瑞典，教授英国文学。友情是马克生活的中心。他学会了怎样在世界上找到几个像他自己一样的灵魂，然后与他们发展出深厚的友情。

马克记得自己还是个孩子的时候就曾陷入过疯狂的迷恋。成年之后，他经历过的亲密关系"很少，但总是令人难以承受。有两次经历让我永难忘怀，十分痛苦。虽然现在心门已经紧闭，痛苦却没有尽头"。但随即他的腔调变得有点揶揄，"但我的生活却丰富多彩"。

安年轻的时候深陷情网。20岁那年她结了婚，七年里生了三个孩子。他们的钱总是不够用，丈夫的辱骂也随之增多。在他狠狠地打了她几次之后，她知道自己只能离开他了，她只能成长起来，想办法养活自己。

很多年以来，安的生活中也曾出现过其他男人，但她再也没有

第 7 章 高度敏感者的亲密关系

结过婚。50 岁的时候,她说自己寻找"梦幻爱人"的历程终于结束了。为了适应自己的敏感性,她是否会以特殊的方式安排自己的生活呢?"我终于把男人赶出了我的生活,我再也不用为此受苦了。"她说。不过,与同性的亲密友情,与孩子们和姐妹们的密切联系,让安从中得到了巨大的快乐。

克里斯汀的热恋也贯穿了她的整个年轻时代。"每年我都会选个男朋友。但随着我慢慢长大,敏感性变得更突出了,我和他们在一起的时候,会希望他们让我一个人待着。随后我遇到那个带我去日本的男孩。他对我来说是那么重要,但这段感情也结束了。现在我 20 岁了,对男孩子们也不再那么有兴趣。我想先搞清楚自己是谁。"克里斯汀总是担心自己神志不正常,但她听起来显得十分清醒。

30 岁的莉莉在年轻时性生活很随便,借此来反抗她那严厉的中国母亲。但在两年前,这种放纵生活使她的身体垮了。她终于认识到这样做是可耻的。她开始思考,自己选择这种过度刺激的生活,是否只是为了和自己眼中那个乏味、缺乏美国式活力的家庭划清界限。

不管怎样,恢复健康之后,莉莉和一位男士发展出恋爱关系,她觉得那个男人比自己更敏感。刚开始时,他们只是单纯的朋友,他看起来令人乏味,就像她的家庭一样。后来,他们之间慢慢滋生了一种体贴温柔的情愫。他们已经同居了,但她不打算急着结婚。

20 岁的林恩最近刚嫁给了克雷格,他们有着共同的宗教信仰,彼此深深相爱。但他们之间性生活的频率是个问题。为了维护宗教传统,克雷格要戒掉性行为,林恩在遇到他之后,也开始信仰同样的宗教。后来,克雷格改变了主意,林恩却变成了那个希望维护传统戒掉性生活的人。再后来他们找到了双方都能满意的折中方案,他们的性生活"不频繁"(一个月一两次)但"十分特别"。

这些例子描述了高度敏感者为了满足自己与他人亲近的人性化需要所采取的各种丰富多彩的方式。虽然并没有大量的数据资料能够证明,但我从访谈中得到的印象是,高度敏感者在这方面的安排要比其他人更加多种多样,他们会比一般人更多地选择单身,或者选择更加稳固的一夫一妻式,要么放弃爱情,转为和朋友家人保持亲密的关系。毫无疑问,高度敏感者之所以会谱写出不同的爱之歌,是因为他们不同的个人经历和需要。需要是创造之母。

高度敏感者在亲密关系方面区别很大,但有一些共同问题需要我们来关注,这些问题都源于我们洞察细微的独特能力,以及易于陷入过激状态的倾向。

/// 暴风骤雨式的爱情

提到恋爱,高度敏感者确实会比一般人更深地陷入恋爱中。这一点不无好处。例如,研究表明,谈恋爱能够增强一个人对自身能力的信任,以及自我概念的深度和广度。处于恋爱中的人会觉得自己更重要、更优秀。另外,我们会更深地陷入恋爱,但这与恋爱的对象是谁几乎没有关系——只是时机恰好。

一些从未谈过恋爱的高度敏感者说"我永远不会恋爱",就像说沙漠中永远不会下雨一样。了解沙漠的人都会告诉你,沙漠里真下雨的时候可得小心。

在你把一段强烈的爱情或友情发展成美好的长期关系之前,你可能会陷入一段无望的爱情中,使你感到绝望。虽然这种事可能发生在任何人身上,但在高度敏感者身上似乎更加常见。这样的恋爱

第7章 高度敏感者的亲密关系

往往对双方来说都是一段痛苦的经历。

这种爱情往往毫无结果，但你的感情之所以会这样激烈，很可能是因为你的爱得不到对方的回应。如果你们能够发展成真正的伴侣关系，你会更加了解你的爱人，了解对方的一切长处和短处，于是你对爱情过于理想化的幻想就会冷却下来。激烈的爱情也可能会使一段关系走到尽头。过于激烈的爱往往会遭到对方的拒绝，因为这样的感情过于苛求，也很不现实。被这样爱着的人不但会觉得喘不过气来，还会觉得这并不是真正的爱情，因为你并没有考虑他/她的感觉。事实上，付出爱情的一方并不真正了解另一方，而只是一些完美的幻想。有时，付出爱情的一方会为了爱情的快乐而抛弃一切，认为只有对方才能真正给他带来快乐。

这样的爱情是怎样出现的？这个问题没有确切的答案。卡尔·荣格认为，习惯于内向的人（大部分是高度敏感者），会把自己的力量用于内部，保护自己珍贵的内心生活不会被外部世界压垮。荣格指出，越是内向的人，为了与内在平衡而在无意识中产生的压力越多。就好像房子里挤满了令人厌烦的（很可能也是天才的）孩子们，他们最终在后门找到了出口。这种内心郁积的力量往往会倾注到某个人（或者某个地方、某样事物）身上，这就成为内向者心目中最重要的事情。他会陷入一段激烈的爱情中，这与恋爱对象其实没有多大关系，而是在于他已经多长时间没有与外部世界接触了。

许多电影和小说都描述过这种爱情。一个经典的例子就是《蓝色天使》，描述了一位教授爱上舞厅中的女孩。小说中的经典则是赫尔曼·黑塞的《荒原狼》，讲的是一个非常内向的老人遇到一名年轻性感的舞者，以及她那一群充满激情和感官刺激的同伴。在这两部作品中，主人公都不可救药地深深陷入了一个爱情、性欲、毒品、妒忌和暴力的世界——这一切感官刺激，都是他们直觉的、内向的、自我曾经十分抗拒的，也完全不知如何应对的。女性也会经历同样的情况，就像简·奥斯丁或夏洛蒂·勃朗特的一些小说中，内向、自控、书卷气的女性被爱情搞得晕头转向一样。

无论你多么内向，你始终生活在现实社会中。即使你强烈地想要保护自己，也无法逃避想要与别人联系起来的需要或自然欲望。幸运的是，一旦你可以稍微客观一点，或者多经历几次恋爱之后，你会意识到，世上不存在完美的爱情。

为了避免陷入过于激烈的爱情，最好的办法是更多地接触外部世界。一旦你能够取得平衡，你甚至会发现，某个人确实能让你感到平静和安全。既然你终有一日会沉湎于爱河之中，不妨现在就和我们大家一起潜入其中。

回头看看你自己的爱情，是否发生在长时间的与世隔绝之后？

/// 爱上一个幻象

深深堕入情网的另一种形式，是把自己完美的灵性之爱投射到另一个人身上。只要你能够和那个人共同生活一段时间，这种把人当作神来爱的错误很快会得到纠正。但如果做不到这一点，这种投射会惊人地持续下去。

我想这种爱情的根源是一种很强大的东西。用荣格的理论来解释，我们每个人都有一个内在的心灵伴侣，引领我们进入最深的内在世界。可我们并不是很了解这个内在的伴侣，或者更常见的是，在我们拼命寻找自己迫切需要的那个内在伴侣的过程中，我们会错误地把他/她的身影投射到其他人身上。我们希望自己的心灵伴侣是切切实实存在的，当然，一种纯粹内在的事物也可以是真实存在的，但这种理念很难理解。

按照荣格的传统理论，对男人来说，这个心灵伴侣一般是女性气质的灵魂，或者称之为"阿尼玛"。而对于女人来说，这个心灵伴侣则往往是男性气质的精神向导，或者说"阿尼姆斯"。因此当我们堕入情网的时候，其实我们往往是在与内在的阿尼玛或阿尼姆斯恋爱，他们会引领我们步入向往已久的至高境界。我们会在真实存在的人身上看到阿尼玛或阿尼姆斯的影子，于是我们会希望与他们一起分享尘世天堂的感官快乐，比如一次热带旅行或者周末滑雪旅行，广告商总是很乐意帮助我们把这些心目中的天堂投射到外部世界中。不要误会，真实存在的人类，以及感官快乐，都是很美妙的东西，只是永远也无法代替我们内心深处所追求的心灵伴侣。你会发现，当两个普通人开始以人类的方式爱着彼此的时候，原来那种把人当作神来爱的方式会带来极大的困扰。

然而，在人一生中的某些时候，暂时的困扰可能也不是什么大问题。正如小说家查尔斯·威廉斯所写的："即使你所追求的事物最终证明是虚假的，但如果你未曾付出过全心全意的爱，那真实的永远不会出现。"

/// 不知所措的爱和缺乏安全感的关系

高度敏感者与所有人和事物的关系，在很大程度上都会受到童年时期与主要看护人之间关系的强烈影响。由于只有50%~60%的人在童年时代感受到具有安全感的关系（这个统计数字确实很惊人），高度敏感者对待亲密关系表现得十分谨慎（避开），或者陷入一段激烈的关系（紧张而矛盾），这是很正常的。你对于亲密关系的反应是非常强烈的，在这一领域中还有很多未知的地方。

童年时代没有安全感的人，往往会拼命想要避开爱情，以免受到伤害。你认为恋爱只是浪费时间，不去想为什么你的观点与这个世界上的大部分人不一样。不过无论你如何努力，终有一天你会发现自己又在试图改变自己这一点。你的生活中出现了一个人，让你觉得冒险建立起一段关系也是安全的。或者这个人身上有什么东西，令你回忆起过去生活中短暂闪现的某个具有安全感的人。

或者你内心的某个地方已经完全绝望了，再做一次改变也没什么大不了的。你突然建立起一段亲密关系，就像埃伦一样。

埃伦与她丈夫之间的关系从未像她希望的那样亲密，在她完成第一件大型雕塑之前，她觉得自己的婚姻生活还是很快乐的。可是等到这件花费了一年时间的作品完成、运走之后，她产生了一种奇怪的空虚感。她很少把这种感觉告诉别人，然而有一天，她不知怎么的就和一位胖胖的老妇人谈起了她的感受，那位老妇人一头棕色长发挽成个发髻。

在那次谈话之前，埃伦从未注意过这个女人，在埃伦的社区里，人们觉得她是个怪人。但这个女人刚好受过咨询员的训练，知道怎样全神贯注地倾听别人的倾诉。第二天，埃伦发现自己一直在想着这个女人。她很想再和她相处一会儿。而那个女人有这么一个富有魅力的艺术家做朋友，也觉得荣幸万分。于是她们的关系发展起来了。

但对埃伦来说，这不仅仅是友情，而是一种奇怪的不顾一切的需要。令她自己也感到吃惊的是，这段关系很快对她们双方来说都带了性的意味，埃伦的婚姻受到了冲击，为了丈夫和孩子，她决定中断这种关系，但她办不到。这是完全不可能的。

3个人经历了一年的风风雨雨之后，埃伦开始发现，那个女人身上有些令人无法容忍的缺点——主要是她的坏脾气。这种关系终于结束了，埃伦的婚姻得以维持。但她一直不明白自己究竟是怎么了。直到几年后接受心理治疗的时候，她才明白当时自己身上发生了什么。

在探索早期童年生活的过程中，埃伦从姐姐那儿得知，她们的妈妈很忙，没有时间也不愿意照顾孩子。有很多个保姆照顾过埃伦。埃伦还记得，其中有一位诺思夫人，后来成为她第一位主日学校教师。诺思夫人非常热心善良，其实小埃伦曾经以为她就是上帝。诺思夫人是一位胖胖的朴素女人，一头棕发挽成个发髻。

埃伦在长大的过程中无意识地产生了一种固定想法。首先，因为保姆频繁更换，她学会了避免和任何人建立起亲密关系。但在内心深处，她又盼望着有一位像诺思夫人这样的人出现，再次把一切都变得安全，就像她小时候每天和诺思夫人待在一起的几个小时。

其实，我们所有人在某种意义上也都有着固定看法。比如说，取悦并依赖第一个答应爱我们、保护我们的好心人；找一个心中完美的父母形象，然后完完全全地崇拜那个人；对于建立起任何类型的亲密关系都极其谨慎；和某个人建立起关系，只因为他很像小时候第一个抛弃我们的人（为了看看这次我们是否能改变他们）或者坚持认为我们不可能长大的人；或者只是为了找到另一个安全的港湾，像我们小时候曾拥有过的那个港湾。

回忆一下你自己的恋爱史，能不能用你童年时期的关系来做出合理的解释？你童年时期没有得到满足的强烈需求是否产生了影响？如果任何人像是个小孩子一样需要一个成年人（比如不想让他走出自己的视线），那么他的童年肯定遗留了一些没有解决的问题。心理治疗是唯一的办法，能够帮助人们唤醒遗忘的记忆，学会控制令人不知所措的情感。

正常的浪漫恋爱应该是怎样的呢？这样的爱情会使生活变得如此美妙而非同寻常。

/// 相爱的两个要素

我丈夫是一位社会心理学家，我们一起对亲密关系进行了大量研究。在研究几百份来自各个年龄段关于恋情和友情的资料时，我们发现有两类主题最为常见。

首先，陷入爱情的人显然会非常喜欢对方的某些方面。但只有当他们发现对方也喜欢自己时，丘比特的爱情之箭才会射穿他们的盔甲。

这两个要素——爱上对方的某些方面与发现对方也爱着自己——令我想到了一幅画面，人们彼此倾慕，却又都等着对方坦露爱慕之意。高度敏感者最好把这样的画面牢记于心，因为在人的一生中，有这么一种最为刺激的时刻，要么是袒露爱意，要么是接受爱的告白。想与别人建立亲密关系，这是我们必须做的事情。我们必须冒险去接近别人或维持亲密关系，包括坦率地说出自己的想法。

/// 高度敏感者更容易堕入情网

一个男人遇到一位充满吸引力的女人，假设是在一座高悬在峡谷之上的脆弱吊桥上，四周刮着劲风，或者是在一座坚固的木桥上，距离下面的小溪只有一尺之遥。在哪种情况下，男人更容易对女人产生浪漫的爱情呢？根据社会心理学领域颇有盛名的实验结果来看，在吊桥上更易堕入情网。另外一些研究显示，我们以某种方式受到刺激时，会更容易对别人产生浪漫的爱情，这刺激甚至可能只是跑步或听磁带上一段有趣的独白。

因为我们总是想找到自己处于过激状态的理由，如果可能的话，我们尤其喜欢把这归咎于爱的吸引力。还有，处于承受范围内的高度刺激，会令人产生自我扩张和兴奋的感觉，而这些感觉反过来又会使你受到某个人的吸引。对高度敏感者来说，这些发现还意味着一个有趣的暗示。如果我们比其他人更容易受到刺激，那么当我们遇到有吸引力的人时，也会比一般人更容易堕入情网（但也可能更难）。

堕入情网的另一个鲜为人知的根源，也许是对于自我价值的怀疑。有一项研究发现，在实验中，通过某些言语暗示使一些女生自尊心受损，另一些女生则没有受到这样的影响，面对男性潜在伴侣时，前一类女生会受到更强烈的吸引。类似的情况是，刚刚失恋的人特别容易堕入情网。

由于高度敏感者并不是他们所处文化中的理想人格，他们的自尊心本身就比较弱。因此，如果有时候什么人表现出对他们的需要，他们就会受宠若惊。但在此基础上建立的爱情会产生适得其反的结果。不久之后，你可能会意识到你爱上的人根本不如你优秀，或者根本不是你喜欢的类型。

回忆一下你自己的恋爱史，较弱的自尊心是否产生了什么作用？

当然，这个问题主要的解决方法，就是从敏感性的角度重塑你的生活，从而建立起自尊。无论是什么使你自信降低，你都可以做一些内在的心理调适，并且以自己的方式接触外部世界，证明自己一切正常。你将会惊讶地发现，很多人会深深地喜欢上你，恰恰是因为你的敏感性。

不过你要注意人类一种常见的趋势，人们会仅仅因为害怕孤独、害怕处于过激状态，或者因为要面对一种全新的、可怕的环境，而进入或维持一段亲密关系。大学生们离家去上大学的第一年中，会有 1/3 的人堕入爱河，我觉得这就是主要原因。我们都是社会动物，在彼此的陪伴下会感到更安全。但你不能只是因为害怕孤独就和别人在一起。另一个人迟早会感觉到这一点，最终他要么受到伤害，要么会利用你。你们两个都应该有更好的处理方式。

回忆一下你自己的恋爱史，是否曾经因为害怕孤独而开始一段恋爱？高度敏感者应该相信，即使没有亲密的爱情伴侣，自己至少也应该能独自生活一段时间。否则，我们就无法等到自己真正喜欢的人。

如果你无法忍受孤独的生活，那也不是什么值得羞耻的事情。很可能曾经有什么事情影响了你对世界的信赖，或有什么人迫使你不能建立起这种信赖。如果可能的话，试着过独立生活。如果你感觉这样做太难了，不妨请一位心理治疗专家帮助和引导你克服这个问题。心理治疗专家决不会伤害你，也不会抛弃你，他只希望能看到你独立自主、获得满足。

你也不必过一种完全孤独的生活。生活中还有很多其他的人或事可以带给你安慰，比如亲密的朋友、忠实的家人、愿意陪你去看电影的室友。

/// 友情，胜似爱情

高度敏感者尤其不能低估深厚友情的作用。这种友情不一定像浪漫的爱情那样激烈、复杂、具有独占性。无视一些冲突，顺其自然。一些令人烦恼的特性可以暂时忽略不计。同时你可以慢慢找到办法，拒绝别人而不至于使他受到持久的伤害。从友情中偶尔还会诞生出一段浪漫的爱情。

为了加深友情（或者家庭成员之间的关系），不妨稍微运用你刚刚学到的人们堕入爱河时健康的反应方式，告诉别人你喜欢他们。和他们一起经历紧张激烈的事情，比如共同经历苦难、完成计划、成为一个团队。如果你们所做的一切只是偶尔一起去吃午餐，你们很难变得更加亲密。在你们共同经历某些事情的过程中,你们会彼此袒露自我,如果是双方的、恰到好处的,那将会使你们以最快的速度亲密起来。

通常是非高度敏感者首先找到高度敏感的我们。曾经,我的大部分朋友都是外向的、不敏感的人(当然也是友好的、善于为他人着想的人),他们发现了我这个隐居的作家,并似乎为此感到骄傲。这些友谊使我获益匪浅,带给我新的观点、新的机会,只靠我自己的话,这些都是遥不可及的。不过,基于很多原因,高度敏感者与自己的同类密切相处也是件好事。

要寻找其他高度敏感者,有一个好方法是请你那些外向的朋友给你介绍一些和你类似的人。或者你也可以到自己喜欢去的地方寻找其他高度敏感者。肯定不是在酒吧里、体育馆中、鸡尾酒会上。高度敏感者更有可能出现在成人教育的课堂、保护野生动物的奥杜邦协会、环保主义塞拉俱乐部的远足、艺术学习班、读诗会、交响音乐会、歌剧院、芭蕾舞演出、各种演出前的演讲,以及各种精神性的内省静修……这只是一些例子,可以供你参考,帮助你开始行动。

找到另一位高度敏感者之后,一起抱怨一下周围环境中的噪声和刺激,你们很容易就能开始交谈。然后,你可以同意他的提议,离开那儿,一起去散步,找个安静的地方,你们的友情已经开始萌芽了。

/// 进退不决的恋爱舞步

高度敏感者需要亲密关系,而且也很擅长这方面。但我们必须注意自己的另一个特点,我们总是很内向,希望这样就能保护自己。

想把什么心事都藏起来。我们往往会发现自己正在跳着这样的舞蹈：

一开始，我们想跟别人接近，于是发出各种各样的信号，表示自己欢迎亲密关系。然后有人会做出回应。他们想更多地看清我们、了解我们，或许还希望进一步接触我们。然而我们却犹豫了。那个人会耐心地等待一会儿，然后也退却了。我们又会感到寂寞，于是再次发出信号，那个人或另一个人会再次尝试，我们会感到很开心——但只是暂时的。随即我们会感到不知所措。

前进一步，后退一步，前进一步，后退一步，直到你们双方都厌倦了这场舞蹈。

想要在距离和亲密感之间取得恰当的平衡，这似乎不太可能。如果你想取悦别人，就会忘掉自己的需要。如果只想让自己开心，往往又无法表现出自己的爱意，也无法做出一段关系中所必需的妥协。

找个与自己类似的人建立亲密关系，但这样你们很可能朝着相反的方向跳舞，最终失去接触。另外，与一个希望这段关系更亲密、更刺激的人相处，可能会使这场舞蹈变成痛苦的折磨。有一种解决方案就是，高度敏感者必须留在舞会上，不能放弃，也不能只盼着这一切赶紧结束。在最合适的情况下，努力平衡彼此的需要，了解双方感情的起伏波动。随着时间的流逝，经验会让你的舞姿变得更优雅，不会再磕磕绊绊。

/// 高度敏感者之间的亲密关系

与另一个高度敏感者建立起亲密关系有很多好处，双方最终会觉得能够互相理解。你们之间关于刺激程度和独处时间的冲突会更少。你们很可能喜欢相似的娱乐消遣。

但同样也有不利之处。你们很可能对同样的事情感到困难，无论是向陌生人问路,还是花一整天时间购物。于是这类事情往往无法完成。而且,如果你们两人都倾向于保持彼此间的距离,那就没有动力变得更加亲密,从而就要面对自己的不安全感。也许你们两人都觉得一段保持距离的关系就很合适,但如果有人希望更加亲密,这段感情就不会变得枯燥乏味。不过这完全取决于你们两人。不管大众的心理如何,如果你们两人都觉得很开心,无论是自然的法则还是人类的法律,都没有规定你们必须亲密无间、彼此分享一切,才能享有美满的感情。

建立起亲密关系的两个人如果有着类似的个性,就能更加了解彼此,冲突也就会少。这样的爱情可能有些乏味,但也会为你创造一个安全宁静的港湾,你们两人可以从这里出发,去探索外部世界,也可以深入自我内心。回到对方身边后,你们可以间接地分享彼此经历中的兴奋激动。

/// 如果对方不是高度敏感者

一对爱人彼此相处的时间越长,他们之间的差异会变得越明显。如果你更擅长看地图或处理银行账单,你会一直为双方处理这些事务,慢慢变成这方面的专家。当另一方不得不单独面对一张地图或银行账单,希望能依靠你的解释搞清楚这一切是怎么回事,他就会不由自主地觉得自己又愚蠢又无助。

每个人都必须决定,哪些领域中的事务自己可以完全无视,只要对方是专家就可以了;哪些事务一无所知却是不合适的。自尊心是个问题,对不同性别的模式化看法也是个问题。如果让你去做那些同性不怎么做的事情,你可能会感到不舒服。就像我和我丈夫,如果一定要遵循性别的成见,反而会感到不快(我喜欢学着换车胎,而他则喜欢学着换尿布）。在心灵交流方面，这种分工合作是最麻烦的部分，也容易被忽视。一方感受到原本属于双方的情感，另一方则保持冷静。或者一方一直感觉良好，不会因为面对悲伤、害怕等等受到反弹，另一方则总是被焦虑和沮丧困扰。

考虑到你的敏感特质，稍微不敏感的一方应该负责处理会使你过度受刺激的一切事务（如果你们双方都很敏感，可以在不同的领域分工合作）。这种分工对双方都有好处，生活会更加平静。一方感觉自己可以带来帮助，另一方也很愿意接受帮助。事实上，比较不敏感的一方会觉得自己责无旁贷，这一切都使他颇受鼓舞。

同时，较为敏感的一方负责为双方处理所有细腻的事务。其中有些也许看似不那么重要——创造新的想法、了解生活的意义、加深交流，欣赏美丽的事物。但如果两个人之间存在着牢固的纽带，很可能是因为不敏感的一方确实需要敏感的一方所做出的宝贵贡献。如果没有这些，各种实际事务都会变得毫无意义，很可能效果也会明显削弱。有时，较为敏感的人会感受到这一切，觉得自己不可缺少，从中获得一种优越感。

在持续多年的亲密关系中，双方可能都对各自负责的任务相当满意。不过，其中一方或双方可能会开始产生不满，尤其是人到中年之后，希望能够成为一个完整的人，希望体验自己并不擅长的另一半生活，这种欲望会变得越来越强烈，从而压倒了追求效率或避免失败的想法。而且，如果这种分工在一段漫长的婚姻中变得极端，双方可能非常依赖于彼此，意识不到自己在这段关系中还能有所选择。如果存在敏感性的问题，一方可能会觉得自己无法在外部世界生存，另一方则感到无法找到走向内心世界的道路。在这种情况下，把他们黏合在一起的不再是爱情，而是因为他们别无选择。

有不太敏感的伴侣或朋友们和你一起把一切安排得令"敏感的你"感到舒适，这是很值得珍惜的。不过有很多时候，对方并不能理解你的过激状态。当你们俩同时做着同样的事情时，对方会觉得一切正常，而你却好像有什么不对劲。

如果有人出于善意请你"试试看"或者"别扫兴"的时候，你会如何反应？这是我过去常遇到的尴尬处境——最开始是作为家里的一个孩子，后来是作为妻子面对丈夫的请求。我说我不愿意参加，如果别人因为我的缘故也不去，我会因此而感到内疚，如果他们撇下我自己去，我又会感到自己被排斥在外，真是进退两难。由于不了解自己的敏感特性，我过去一般都会选择按计划参加。有时没什么问题，有时会感到极为痛苦，有时甚至因此而病倒。难怪很多高度敏感者常常会找不到"真正的自我"。

我们曾在欧洲度过了一年，当时我们的儿子还在襁褓之中，夏天，我们花了几个星期的时间和朋友们一起外出旅游。第一天，我们驾车从巴黎出发前往地中海沿岸，然后向东沿着里维埃拉地进入意大利。完全没料到会遇到一大群欧洲游客，我们被卷进这一堆人里，从一个镇子驶往另一个镇子，车辆川流不息，引擎轰鸣，喇叭声四起。我们没有预订旅馆，也没有太多的钱，一行5人想找个镇子，找家旅馆，实现自己的里维埃拉度假之梦。我的儿子一开始还高兴了几个小时，把我当作一个蹦蹦床。可是他累了以后，就开始嚎哭尖叫。在日落之前，我的旅途毫无乐趣可言。

一进旅店的房间，我急着想休息一下，赶紧把儿子在床上安顿好。那时候，我还不了解敏感性这种特质，但我知道我们俩当时最需要的是什么。

可是我丈夫和朋友们却准备到蒙特卡洛的赌场去玩。像大部分高度敏感者一样，我不喜欢赌博。可是我也讨厌自己待在家里。

最终我留了下来。儿子睡得很香，而我躺在那儿睡不着，感到孤独、伤心、羡慕其他人，而且因为单独待在一个陌生的地方，也感到紧张不安。其他人回来了，当然每个人都情绪高昂，他们给我讲有趣的事逗我开心，还说"你真应该一起去"。可我不但没去成，也没睡着。而且因为没能补充睡眠而感到心烦意乱，后来一直无法入睡。

真希望我当时就知道现在所知道的一切。过激状态很容易转变成焦虑、后悔——躺到床上不意味着你会睡着，因为你很可能太过激动了。但是躺在床上休息仍然是个不错的选择，你下次还有机会去蒙特卡洛的。最重要的是，如果你接受了自己有时候确实最适合留在家里的想法，那么待在家里也会感觉很好。

在这种情况下，你的朋友和伴侣确实会不知所措。他们想让你一块儿去，而且因为过去你也做到过这种事情，他们这次也会热情地劝说你去。而且，如果不带你一起去，他们会怀念以前与你共度的时光，对于把你丢下感到深深的内疚。

我觉得高度敏感者必须自己把握这些情形，以便事后不要责备任何人。毕竟，最了解你的感受，最清楚你喜欢什么的，还是你自己。如果你感到犹豫——是因为害怕过度刺激而不是因为目前过度疲劳的状态——那么你需要权衡一下受到的刺激和可能得到的乐趣（如果你因为童年时代的影响特别害怕接触新的事物，那么最好多考虑一下去参加的好处）。你必须自己做出决定，然后行动。即使结果证明这是个错误，那也是你自己做出的决定。至少你已经做过尝试。如果你知道自己正处于过度刺激的状态，需要待在家里，那么就大方一点，不要表现出遗憾，祝其他人玩得开心。

/// 满足自己的独处需要

在和一位不那么敏感的伴侣或朋友建立起的亲密关系中，另一个经常出现的问题是，你非常需要独处，只为了深入思考并回味这一天的经历。另一方可能会觉得自己受到了排斥，或者只是希望能和你彼此陪伴。你应该解释一下为什么你需要休息，也告诉对方什么时候你会恢复正常，不要食言。或者你们也可以待在一起，只是保持安静，以便休息。

如果对方拒绝了你独处的需要（或者其他特殊需要），你们有必要更深入地聊一下这个问题。你有权拥有不同的经历和需要。不过你要意识到，你的伴侣或朋友并没有这些需要，这与他们认识的大多数人也不一样。所以你需要倾听和了解对方的感受。也许对方不愿意相信你们之间存在着这么大的差异。也许对方会担心你是不是出了什么问题，这是不是一种缺陷或疾病。对方可能会产生一种失落感，因为你的敏感性使你们无法一起享受冒险的经历。他也可能会生气，或者认为你肯定是假装的。

你可以巧妙地适当提醒对方看到你的敏感特质带来的所有好处。你必须注意，不要把你的敏感性当成借口，永远止步不前。其实你也可以忍受高度的刺激，尤其是和一些能让你感到放松、安全的人在一起的时候。有时候，你可以做出真诚的努力，陪伴你的朋友或伴侣一起活动，他们会感谢你的。也许一切都会顺利。即使万一出现了问题，你也以事实证实了自己的界限所在——最好不要说"我本来就告诉过你"。如果双方都能了解并尊重对方的最佳激发程度，你们会更快乐、更健康、更和睦。你们会鼓励对方去做适当的事情——一个外出游玩，一个留在家里——这样双方都能处于感到舒适的刺激范围内。

当然，如果你袒露自己的需要，还会有另一些问题浮出水面。如果这段亲密关系本身就摇摇欲坠，而你告诉你的伴侣或朋友，他必须忍受你的敏感特质，很可能会引发一场真正的地震。如果你们的关系一直存在裂缝，无论敏感是不是争吵的焦点，请不要因为你的敏感特质或相应的辩解而责怪自己。

/// 坦诚沟通的勇气

一般来说，敏感性能明显促进亲密的沟通。你会注意到大量的微妙暗示、细微差别、复杂情感、矛盾的事实以及各种无意识的过程。你知道这样的沟通交流需要耐心。你坦率、诚实，也珍惜这段亲密关系的价值，愿意把时间花在这上面。

你在沟通方面的主要问题，还是一贯的过度刺激的问题，在过激的状态下，我们对周围的一切会极为不敏感，包括我们所爱的人。我们可以把它归咎于自己的特性，"我只是太累了，压力太大了"。但是我们有责任尽量以有益的方式进行沟通交流。如果无法坚持下去的话，事先让对方知道这种情况。

高度敏感者最大的沟通问题，来自他们会尽量避免不愉快的事情带来的过激状态。我觉得大部分人都存在，但高度敏感者表现得尤其明显的一些趋势就是：讨厌、生气、冲突、伤心、焦虑，害怕面对变化（往往意味着要失去某样东西），不愿意接受评判或者因为我们的错误而受到责备，也不愿意对别人做出评判或者责备别人。

你很可能从书本上、从自己的经历中、从情感咨询中理智地知道，你必须去做上面提到的所有事情，才能保持一段关系常年不变、始终朝气蓬勃。

你的直觉经常会先行一步。在一个非常真实的、刺激的、半意识的虚构世界中，你已经预先经历过各种各样的谈话方式，其中大部分都令人不安。

你有两种方法来面对自己的恐惧。

1. 你可以先搞清楚自己正在想些什么，然后去想象其他的可能性——比如，分歧解决之后将会怎么样，或者要是你不去处理这个问题的话会发生什么。

2. 你可以和朋友或伴侣讨论一下想象的事情，正是这种想象阻碍了你变得更加坦率。"我很乐意和你谈谈某些事情，但是如果你的反应是某些说法的话，那我就没法谈下去。"像这样的话，说起来难免要费一些苦心。

/// 冲突时暂停一下

如果一对伴侣中有一个人或双方都是高度敏感者，他们需要针对刺激性最强的沟通（通常就是争吵）额外制定一些基本规则，比如禁止咒骂，禁止翻陈年旧账，避免伤害双方都感到安全、亲密时建立起的信任感。还可以制定一些其他规则来处理过度刺激。其中之一就是暂停一下。

一般来说，一个人不应该在争论到一半的时候直接退出，或者说"最好还是结束吧"，然后就此搁置这个问题。但是如果一个人非常想要退出，很可能是因为感到绝望、走投无路——说什么也没用。有时也是出于内疚，因为看到了自己身上非常令人讨厌的一面。这时，另一方也该退让一步，表现出体谅，不要乘胜追击，进一步羞辱对方。有的时候，感到走投无路的一方其实仍然觉得自己是对的，只是说不过对方。那些言语太快、太尖锐，反驳也没什么作用。于是这个人会觉得怒火中烧，离开是唯一安全地表现情绪的方式。

不管怎样，作为一个高度敏感者，你很可能会发现自己会因为争吵受到过度刺激，于是争吵很快变成了你生活中最糟的时刻之一。但如果不偶尔做些合理的抱怨，你们的关系必定会变得痛苦而疏远，如果双方回顾一下争吵的时候，即使当时令人痛苦，肯定也是值得的。

文明一点，争吵时暂停一下，这就像一个紧急出口，即使只暂停

5分钟、1小时,或者先休息一夜。没有人退出,只是暂时延缓一下。

等待一次争吵的结束,对双方都是痛苦的过程,因此双方必须同意暂停一下。事先就讨论一下,把这作为真正有用的基本规则,而不是把它当作逃避问题的借口。事实上,你们可能会发现这条规则真的很有帮助,以后你们都会一致同意先暂停。经历过暂停之后,事情看上去就不一样了。

/// 反馈式倾听

亲密关系中遇到冲突时,建议你试一试"反馈式倾听"。这个很有价值的工具在20世纪60年代即已出现,曾经两次挽救了我的婚姻。这是爱情和友情的心肺复苏术。

反馈式倾听简单来说就是聆听对方的话语,尤其是他/她的感受。为了表明你确实听到了,再重述一下他们的感受。不过做起来比听起来难多了。首先,你会觉得这样很不自然,或者"像是个心理治疗专家一样"。刻意这样做也许确实会使人产生这样的感觉。不过这种反应也可能是因为感情上的不适应,至少部分是由你所处的社会文化造成的。相信我,你所关注的人,远远不会觉得这是虚情假意。而且,就像优秀的篮球选手有时必须全身心投入投篮运球的练习一样,你现在也需要专门练习一下聆听,以便在需要的时候可以用得上。特意试一次,至少练习一次纯粹的反馈式倾听,对方最好是一个亲密的人。

注重彼此感受的另一个原因在于,外部世界中很少有人会倾听这方面的话题。感受比思想和事实更加深入,一旦感受得到了确认,思想和事实也就变得同样清晰了。

一段亲密关系中出现冲突时,如果进行反馈式倾听,你可能会被迫听到一些不愿听到的事。比如，有时候你很不公平，你应该放弃某些需要或习惯，你面对负面冲击时没能保护自己，你无法抵抗坏消息的影响，你明明没有受到过度刺激却突然崩溃，以至于别人不得不照顾你。这会使我们进入更加深入的话题。

——————反馈式倾听练习——————

基本要求：

・设置一个时间限制（10－15分钟）。

・转换角色。等1小时甚至1天之后转换角色，给对方同样的时间。如果话题是你们两人之间的某些冲突或令人恼火的事情，在讨论之前，先把自己想说的话写下来，轮到自己的时候再表达自己的意见。

练习：

1. 从身体姿势上表现出你正在倾听。

坐直，不要交叉手臂和双腿。可以微向前倾。眼睛看着对方。不要看手表或挂钟。

2. 通过语言或语调的变化，重复对方所表达的真情实感。

实际内容是次要的，要在谈话中自然而然展现出耐心。如果你猜想对方还有其他一些感受需要表达出来，耐心等待这些感受在话语中的流露，或通过语调明显表现出来。

例子：

对方也许会说："我不喜欢你穿的衣服。"

你应该说："你确实不喜欢这件衣服。"

不要说:"你确实不喜欢**这件衣服**。"因为这样的说法强调的是这件衣服,好像你在问这件衣服有什么不对劲。也不要说:"你确实不喜欢**我穿的**这件衣服。"这句话强调的是你自己(通常带有一种自卫心理)。

对方也对你的反馈给出回应:"是呀,这件衣服总是令我想起去年冬天。"

这句话没有包含多少感受,所以你要等他继续说。

对方会说:"我讨厌住在那座房子里。"

你再次强调其中包含的感受:"对你来说确实很糟糕。"

不要问:"为什么?"也不要说:"我已经尽可能让我们尽快离开那座房子了。"很快你就会听到去年冬天发生的一些事情,都是你以前从未听过的。

"我现在才意识到,那段日子是我感到最孤独的时候,即使你和我一起待在那。"

这就是你们需要讨论的事情。只有倾听对方的感受并给出反馈,才能产生这样的效果,如果把话题集中在事实或你自己的感受上,只会走向相反的方向。

请注意以下几点:
1. 不要提问。
2. 不要给出建议。
3. 不要提到你自己类似的经历。
4. 不要分析或解释。

5. 不要做任何会分散注意力或没有针对感受给出的反馈信息。

6. 不要长时间陷入沉默，而只是让对方自言自语。

反馈式倾听中只有"倾听"的一半需要沉默。留出恰当的沉默时间，会给对方提供进一步深入话题的空间。但也要对对方所说的话语给出反馈。利用你的直觉控制这两方面的时间。

7. 不管对方说什么，不要为自己辩护，或者给出你自己的看法。

如果你觉得有必要，可以在事后强调倾听并不意味着你同意对方的观点。引起这些感受的猜测可能是错误的（我们也可能因为自己的感受做出错误的事情），但感受本身并没有对错之分，反馈式倾听会减少很多麻烦。

/// 在亲密关系中找到自己

荣格学派的心理学家所谓的个体化过程，也就是随着一个人走过的道路，学会倾听自己内在的声音。这个过程的另外一面在于，尤其要注意倾听我们曾经躲避、鄙视、忽略或否定的声音。荣格派心理学家称之为"阴暗面"，我们也需要倾听这些声音，才能成为一个强大的、完整的人，否则我们会因为害怕这些阴暗面带来的伤害而只过着一半的生活。

例如，有些人认为自己一直很坚强，从不承认自己的软弱，这种盲目的观点是很危险的，历史和小说中充满了这方面的经验教训，这个人最终会因此而失败。我们也都见过相反的例子——有些人始终觉得自己很软弱,是无辜的受害者,他们放弃了个人权利,然后认为只有自己是好人,其他人全都是坏人。有些人会拒绝承认心里爱的那部分,另一些人则会无视恨的那部分。诸如此类……

处理阴暗面最好的办法就是了解它们,与它们结成同盟。到目前为止,我一直都在称赞高度敏感者,认为我们小心谨慎、忠诚,拥有直觉和洞察力。但我不得不说,高度敏感者拒绝或否认起自己身上的一部分来更加言之凿凿。有些高度敏感者会否认自己有坚强和不敏感的勇气和能力。有些会拒绝承认自己身上存在着不负责任、缺少爱心的一面。有些则会否认他们需要别人,或需要独处,又或是否认自己的愤怒。也有些人会否认上面所有这些心理。

要了解这些被你拒绝的部分是很困难的,因为我们往往有充分的理由否认它们。而且即使你的普通朋友对你的阴暗面有一定的了解,他们也不大可能提到这方面。但在非常亲密的关系中,特别是如果你们住在一起,或者不得不在最基本的生活方面互相依赖,你们便无法对对方的阴暗面视而不见、闭口不谈——有时还会因此产生激烈的争吵。其实可以说,如果你们还没有了解彼此的阴暗面,还没有决定如何接受或改变这些方面,你们就还没有真正建立起一段亲密关系。

展露自己最坏的一面,是一件很痛苦也很羞愧的事情。因此,只有你最在乎的人强迫你的时候,或者当你知道自己不会因为提到或藏有这些"可怕的"秘密部分而被抛弃的时候,你才会暴露出阴暗面。因此,只有拥有一段亲密关系时你才能暴露这些阴暗面,并且从中获得正能量(以前都会与负能量一起潜藏起来),同时也将引导你在追求智慧及完整自我的道路上完成个体化。

人类似乎都有强烈的成长、扩展的需要——不仅仅是拥有更多的领土、财富和权力,也包括扩展自己的知识、意识以及身份。做到这一点的一种方法就是把别人包含在我们自身内部。一个人不再仅仅是"我",而是成为更大的"我们"。

当我们第一次堕入情网时,我们让另一个人走进自己的生命,由此带来的自我扩展会很迅速。然而,对婚姻的研究显示,几年之后,亲密关系会变得远不如刚开始那样令人满意,但良好的沟通能够减缓这种趋势,通过刚才描述过的个性体化过程,这种退化可以进一步减缓,甚至扭转。

我和我丈夫做了一项研究,找到了另一种增强满意度的方法。在对已婚夫妻和未婚情侣进行的一些研究中我们发现,如果一对情侣一起做他们认为"令人兴奋"的事情(不只是"令人愉快"),就会对两人之间的关系更为满意。这似乎是理所当然的,如果你们已经无法通过吸纳对方身上的新事物来扩展自我,就可以一起去做一些全新的事情,在两人之间建立起一种联系,实现自我扩展。

尤其是对一个高度敏感者来说,生活本身似乎已经过于刺激了,回家之后你只想安静。但是你要小心,不要让你们的关系过于平静,不要完全避开全新的事情。也许,为了实现这一点,你们需要减少各自独处时所承受的压力。或者你也可以去找一些能够实现自我扩展而又不会带来过度刺激的事情——去听一场轻柔的音乐会,享受音乐的美妙之处,或者讨论一下昨晚做的梦,在壁炉边一起欣赏一本新的诗集。没必要一起去玩过山车。

如果你们之间的关系一直都是舒适感的源泉,你也应该注意让它继续成为令人满意的自我扩展的源泉。

/// 高度敏感者和养育孩子

如果照料孩子的人敏感细腻,孩子们一般都会茁壮成长。我见过很多高度敏感者,照看自己的孩子或别人的孩子时感到快乐无比。我也遇到过另一些高度敏感者,因为敏感而不想要孩子或只要一个孩子。这并不令人吃惊，做出怎样的选择取决于他们以前和孩子相处的经历——是令人愉快，还是无法忍受？

考虑是否要抚养孩子的时候最好记住，你自己的孩子和未来的家庭生活，会比别人的孩子和家庭更适合你。因为他们身上会有你的基因、你的影响。如果有些家庭总是喧哗吵闹，充满了争执纠纷，那往往是因为家庭成员觉得这样很舒适或至少没什么问题。你的家庭生活可以是完全不同的。

从另一方面来说，没有人能否认，孩子会给生活带来巨大的刺激。对一位天生认真负责的高度敏感者来说，孩子意味着欢乐，也意味着重大的责任。为了他们，你不得不进入外部世界，送他们上幼儿园、小学、中学和大学，你不得不接触其他家庭、医生、老师。这一切仿佛无休无止。他们把外面的广阔世界带到你面前——各种问题：性、毒品、驾车、教育、工作、结婚，有这么多的事都需要你处理（不要以为在整个过程中你的伴侣都会陪你共同度过）。而且你还不得不放弃其他一些事情来做这些，这是毫无疑问的。

不要孩子也是完全没有问题的。我们不可能拥有世界上所有的一切。有时，看清自己的极限也是很明智的。实际上，关于这个话题，我总是说不要孩子很好，要孩子也很好。每一种选择都自有其好处。

/// 敏感性使你的亲密关系丰富多彩

无论你是外向的还是内向的高度敏感者，你最主要的社交满足感一般就是来源于亲密关系中。几乎每个人都可以从生活中这一部分学到最深刻的智慧、获得巨大的满足感。在一段亲密关系中，你可以闪耀出自己的光彩，你可以在亲密关系中运用自己的敏感性来帮助自己和他人。

实际应用
你、我、我们的敏感特质

请找一位与你建立起亲密关系的人,一起来回答以下问题。如果现在没有这样一个人,可以设想和过去哪位亲密的人,或者将会与你建立亲密关系的人,一起回答这些问题。你仍然可以从中学到许多。

1. 你身为高度敏感者而导致的哪些方面,是对方认为很有价值的?

2. 你身上敏感性导致的哪些方面,是对方希望你能够改变的?要记住,问题并不是这些特性"不好",而只是在特定情况下难以处理,或者与对方的特性或习惯不合拍。

3. 你们之间哪些冲突是因为你是高度敏感者而导致的?

4. 对方有时候希望你考虑自己的敏感性,更好地保护自己。讨论一下这方面的实例。

5. 你有没有把敏感性当作不去做某些事情的借口或争吵时的武器?讨论一下这方面的实例。如果关于这里引起了争论,请利用你在"反馈式倾听"中所学到的方法来控制一下。

6. 你们双方的家庭中还有没有其他高度敏感者?那些亲密关系对你们之间的关系带来了怎样的影响?例如,想象一位高度敏感的女人嫁给了一个男人,他的母亲也是高度敏感者。丈夫对于敏感性往往已经有了根深蒂固的态度。了解这一点有助于改善三个人之间的关系。

7. 如果其中一个人更加敏感,讨论一下你们在分工合作中有何收获。除了效率高和一些特殊的好处之外,你们两人是否都喜欢因为自己的天赋而被人需要的感觉?你们是否觉得自己对于对方来说是不可缺少的?在做一些对方做不到的事情时,是否对自己感觉良好?

8. 讨论一下你们由于分工合作有何损失。现在对方帮你做的哪些事情,是你希望自己来做的?你负责自己分工的部分时,是否已经厌烦了对方在这方面对你的依赖?你是否因为自己能更好地完成这些事,而对另一方缺少尊重?这是否使对方的自尊心受到了伤害?

第 8 章

独特的疗愈过程

最艰巨的任务并不是回避外在世界,而是走出内心。
学习带着自己的敏感性生活下去。

/// 怀念德雷克

高中时我认识一个名叫德雷克的男孩。当时他是那种被全班讨厌的人。现在我知道了,他是一位高度敏感者。

不过,德雷克面对的问题远远比其他高度敏感者更多。他患有先天性心脏病、癫痫以及各种过敏症,他过于白皙的皮肤也不能晒太阳。德雷克无法参加体育活动,甚至待在户外都不行,他被我们的文化中所谓正常的少年时代完全排斥在外。很自然的,德雷克迷上了书本。青春期时他热衷于各种奇思异想,不过,就像他那个年纪的大多数男孩子一样,他对女孩子也同样充满热情。

当然,女孩子们可不想和德雷克有任何关系。当时我们不敢对他的关注表示欢迎,是因为他太急于让人接受,感情显得那么激烈,接受他对我们来说意味着社交生活的彻底完结。但他毕竟还是爱上了一个又一个女孩,以一种又害羞又饥渴的方式,使自己成了人们眼中的笑料。对他的同学来说,那一年最有意思的事情就是拿着德雷克的一些被拒绝的爱情诗,在学校里到处大声朗读。

幸运的是,德雷克进入了天才儿童计划,使我们这些孩子能够更好地接纳他。我们称赞他的文章和他在课堂上的评论。后来他以全额奖学金被一所名牌大学录取，我们全都为他感到骄傲。

德雷克肯定比我们所有人都更害怕离家求学，那意味着他要日日夜夜和同龄人生活在一起，正是那些人曾经使他的生活痛苦不已。可是，他无法拒绝这份殊荣。这对于他来说意味着离开遮风挡雨的家。

第一个圣诞假期结束后，德雷克在回到寝室的第一个晚上上吊自杀了。

/// 创伤并非不可逾越的深渊

我并不想用这样的故事来吓唬你——毕竟德雷克面对着更多的难题。这个故事只是作为一个警告。高度敏感者很少会有这么悲惨的结局。

我们的整个心理生活不能被简化成过去经历的事情。我们还拥有现在——影响我们的人、健康的身体、我们所处的环境，还有一些内在的事物在推动着我们前进。虽然童年遭遇严重困难对于高度敏感者有着负面影响，但那并非不可逾越的深渊。当他们了解自己的敏感特质，就能够重新看待自己的过去，并开始治疗自己的创伤。

可是，在接受心理治疗的时候，许多治疗专家都会犯下一个错误，他们对高度敏感者缺乏了解，会自然而然地在高度敏感者的童年故事中寻找一些东西来解释他们的"症状"，而这些"症状"其实只是我们的正常表现。他们可能会认为高度敏感者"过于"退缩，产生"毫无理由"的分裂感，表现出"过度"或"神经质"的焦虑，在工作、友情、爱情和性生活中问题重重。

困难的真正根源是我们的敏感特质（也许是受到误解或错误对

待），如果我们能够了解敏感性的基本特点，就会感到放松，心理状况明显改善。在心理治疗方面，还有大量工作要做，比如从新的角度重新看待过去的经历，学习如何带着自己的敏感特性生活下去，但是一旦对敏感特质有了了解，心理治疗的重点很自然地会产生变化。

有些人会说："没什么，每个人的童年都不好过。没有哪个家庭是完美的，每个人都有见不得人的秘密。有些人成年累月地不断接受心理治疗，他们只是太幼稚了。看看他们的兄弟姐妹，也都有同样的问题，但就没把这当一回事。他们只是继续自己的生活。"我想，这些人在说出这番话的时候，根本没意识到敏感特质的客观存在。

每个人的童年都是不一样的，有些人的童年确实非常可怕。即使在同一个家庭里，每个人的童年也可能各有区别。那些天生的高度敏感者更容易受到周围一切的影响。你可能觉得，明明是"同样"的童年，或者"还不错"的童年，可是对你来说，童年生活总比家里的兄弟姐妹或者有着类似过去的其他人更艰难，你无须对此感到怀疑。如果你觉得有必要接受心理治疗来治愈童年的创伤，只管去做。每个人的童年都有着自己的故事，值得倾听。

但你需要了解，你的敏感特性本身并不是缺陷，但就像一架精心调整过的乐器或机器，或者精心饲养的、精神饱满的动物，你需要给自己特殊的关照。因为非高度敏感者不会像你一样注意到当前状况下那么多敏锐细腻而又烦人的方面。

/// 丹努力活下来了

丹认为自己非常内向，而且总是需要长时间独处。他不喜欢任何形式的暴力。他在一家大型非营利性机构担任财务主管。他觉得在那个机构中，因为他和蔼可亲又"颇有手腕"，很受欢迎。但其他大部分社交应酬却都太耗费精力了。

丹和哥哥老是吵架，他哥哥会压住他拳打脚踢（兄弟姐妹之间的虐待是研究得最少的家庭暴力形式）。

当提到他母亲时，丹的唯一印象是"她不怎么注意我"。

"我的父母都不是感情外露的人。"他继续说，"他们很古怪。"说到此，他冷静的外表出现了裂痕。故事开始展现全貌，他母亲有精神疾病，却从未接受过治疗。"慢性抑郁症、精神分裂症，她觉得电视上的人都在和她讲话。"他母亲还是个毫无节制的酒鬼——从星期一到星期五是清醒的，从星期五晚上到星期天早晨都"醉得不省人事"。他还说："我的父亲也是个酒鬼。他会踢她、打她。总之一切都失去了控制。"

喝醉了之后，他母亲总给他重复讲同一个故事——她自己的母亲是个冷漠孤僻的残疾人，照料她的人是换来换去的女仆和护士，她父亲患了病，正在慢慢死去，而她日复一日地被迫单独和他待在一起（这样的故事经常发生——一代接一代都没有被好好照料）。

"她讲这些事情的时候总是没完没了地啜泣。她是个好人，也是个敏感的人。远远比我更敏感。"他紧接着说，"但她又会带着恶意击中我的致命弱点。她总是有这种令人难以置信的能力。"（高度敏感者并非都是圣人。）

童年唯一的保护者也这么危险，丹发展出了一种可怕的矛盾情感，他挣扎不已。

他小时候经常躲起来，躲在衣橱里、洗脸台下、汽车里、靠窗的长椅下。不过，就像很多类似的故事一样，总会有一个人起到挽救灵魂的作用。丹有个祖母，一位坚强的、"有点洁癖"的老太太。丹在祖父去世之后，就和她一起生活。

"我最早的记忆之一，就是和三位60多岁的老太太坐在一起玩纸牌，那时我只有6岁，几乎还抓不住牌，不过她们刚好三缺一。玩牌时，我被当成大人，受到重视，也可以对她们讲些不能对别人讲的话。"

这位祖母为一个高度敏感的孩子带来了安定感，这是他学会怎样生活下去的过程中所必需的。

丹也具有惊人的恢复力。"我的母亲总是坐在那儿训斥我说：'你为什么要这么努力？你什么也做不到的。你没有机会。'而我只是下定决心要证明她是错误的。"

成为高度敏感者一点也不会妨碍你以自己的方式顽强地生活下去。这就是丹所需要的。

14岁时，丹找了个工作，和一个男人一起干。丹很尊敬那个人，因为他看过很多书，与丹交谈时会把他当作成人看待。"我信任他，但最终我受到了他的性骚扰。"（需要再次强调，对丹产生影响的不仅仅是这个虐待事件，而是他一生的经历。丹的童年生活使他非常渴望亲密的关系，这就导致他忽略了隐藏的危险迹象。加上他也不大会保护自己，因为他没有学习的榜样——没有人为他树立这样一个榜样。）

后来丹娶了他青梅竹马的女友，她的家庭就和他的一样混乱不堪。他们下定决心要过一种不同的生活，在这二十年的时间里，他们也确实做到了。成功的一部分原因可能在于他们都与原先的家庭划清了界线。"现在我知道该怎样照料自己了。"

他在一年前接受了三个月的心理治疗，学到了不少，当时他陷入了深深的绝望之中。他也读了很多心理学著作，关于共依存、关于酒鬼的孩子成年后的生活。不过，他并没有加入相关团体。像许多高度敏感者一样，他不愿意把自己的生活袒露给一屋子的陌生人。

"能够去做我需要做的事情——这就是最重要的。我需要承认并尊重自己的敏感性。我需要保持积极冷静的、着重于解决问题的处事态度。但也要小心，不要在外部世界中拼命寻找内心找不到的人或事物。"

因为在他的内心"有一个黑洞，有时候我甚至想不出一条活下去的理由。我根本不在乎自己是死是活"。

他有一位朋友是精神科医生，给他提供了很多帮助，还有另外两个朋友是心理治疗专家。他也知道，自己的敏感性与生活经历相结合，会带来复杂多样的结果。

"各种各样的事物都会使我深深感动，我讨厌失去这种非常快乐的感觉。"他勇敢地微笑了一下，"虽然生活中有很多很多的孤独，感受生命中的悲哀也花了很长的时间，但生活总是包含快乐和悲伤两方面。我在寻找一个精神上的答案。"

丹就是这样努力活了下来。

/// 对自己抱有极大的耐心

在你的一生中，你必须对自己抱有极大的耐心。你能够治愈从前的创伤，但是要按你自己的方式去做，例如，你比一般人更认真负责、更复杂、更了解其他人。

不要忘记，一个敏感的孩子自有他的优势，与普通孩子相比，你更容易退缩，更趋向于深入思考，于是你不会被不良环境彻底同化。就像丹和他的祖母一样，也许你凭直觉就知道要到哪里寻求帮助。你可能会发展出强大的内在和精神源泉，作为这一切的补偿。

我最早采过的一位高度敏感者甚至相信，天生注定进入灵性生活的人，必然会有一段艰难的历程，因为这会使他们专注于内在生活，而其他人则会纠缠于世俗之中。一位友人曾经说过："前二十年中，生活教给我们一生的课程，后二十年中，我们实践这些课程。"

对我们有些人来说，这些课程可以与牛津大学的研究生课程相媲美。

高度敏感者成年之后，通常都具有最适合思考的内心和自我疗愈的人格。一般来说，你拥有强烈的直觉，帮助你展现最重要的隐藏因素。你有更多的方法探索自己的无意识，而且你会强烈感受到其他人的无意识想法，也很清楚自己会受到怎样的影响。处理事务的过程中，你也有着良好的直觉，拿捏得当——知道什么时候应该推进，什么时候暂时撤退。你对内心生活始终保持着好奇心。最重要的是，你为人诚实正直。面对特定时刻、某些创伤、某些事实的时候，无论多么艰难，你都能始终坚持自我个体化的过程。

如果你像许多高度敏感者一样正身处困境之中，那么让我们来看一下你可以选择怎样的疗伤方法。

/// 四种疗愈方法

疗愈方法可以划分成很多种，长期的和短期的，自我疗愈或专业帮助，独自疗愈或集体疗愈，个人疗愈或整个家庭共同疗愈，等等。不过大体上可以划分成四大类：认知行为疗法、人际疗法、生理疗法和心灵疗法。

认知行为疗法

这种方法是"认知"的，因为它作用于你的想法，也是"行为"的，因为它会影响你的行为方式。

治疗专家会问你希望解决什么问题。如果你抱怨自己总是焦虑不安，专家会教你最新的放松技巧或生物反馈疗法。如果你害怕某样东西，专家会让你逐步接触这种事物，直到消除你的恐惧。如果你感到抑郁，专家会教你检查自己不合理的想法，比如一切都毫无希望，所有的人都不关心你，你不应该犯错，诸如此类。如果你没有什么可以在心理上帮助自己的活动，比如每天穿得漂漂亮亮出去散心，或者交朋友，专家会帮助你针对这些事情确立目标。你会学到实现目标所需的技巧，以及实现之后怎样奖励自己。

如果你正面临着工作压力、离婚、家庭问题，治疗专家会帮助你从新的角度看待这些问题，看到更多的事实，更具洞察力，从而更好地应对这些问题。

高度敏感者可以通过认知行为疗法，锻炼自己的注意力系统，控制激活系统和暂停检查系统之间的冲突。

认知行为疗法是一种非常理性的方法，主要是由非高度敏感者发展起来的。他们有时候会从心底里偷偷觉得敏感的人有点傻、有点不理智。如果治疗专家或书籍作者也持有这种态度，往往会使你的自信受损，引起过激状态，尤其是如果你无法达到他们为你设置的目标或水平的时候。人们暗示这个目标是"正常的"，希望你像他们那样，而完全忽略了你与众不同的特点。不过，一位优秀的认知行为治疗专家，会注意到个体之间的差异，也会认识到自尊和自信在所有心理治疗中的重要意义。

人际疗法

这一疗法包括弗洛伊德精神分析法、荣格精神分析法、格式塔疗法、罗杰斯疗法（患者中心疗法）、相互作用分析法、存在主义疗法，以及大多数折中主义的心理疗法。治疗方式包括交谈、利用你和其他人之间的关系——通常是一位心理治疗专家，有时则是一组咨询师。

人际疗法对于大多数高度敏感者都颇具吸引力，使我们发现了自己的直觉能力和内心世界。我们会变得更加擅长处理亲密关系。通过一些人际疗法，我们的无意识可以为我们带来帮助，而不再是各种心理症状的来源。

这种疗法的缺点在于,高度敏感者会在人际治疗上花费太多的时间,因为我们太擅长分析细节了。

这里得谈一下移情。你可能对治疗专家产生强烈的依恋感。那是你曾经压抑了的对生命中某个重要的人的情感,这种情感的转移就是移情。但移情并不一定都是积极的,因为压抑的情感可能是愤怒、恐惧,以及其他种种。

强烈的积极移情会带来很多益处。为了成为像治疗专家那样的人,或者为了得到他们的喜爱,你会做出一些从未尝试过的改变。移情会使你觉得对方非常完美,和他/她在一起就像待在天堂里一样。接下来,你将考虑怎样更恰当地引导这种强烈的情感。最后,你非常喜欢的一个人为你带来的帮助和陪伴,会让你感觉如此美好。然而,你需要面对现实,心理治疗专家不会成为你的母亲、爱人、终生好友,你不得不面对这个痛苦的现实,并且学着处理。

移情也是一种激烈的、得不到回应的爱。如果心理治疗专家给出了回应,那是一种不道德的行为。你恐怕找错了治疗专家,你需要更多专业人士的帮助,来摆脱这种状况,只靠你自己很可能是做不到的。这是一次意料之外的、不受欢迎的、痛苦的经历。强烈的移情作用会影响你的自尊,使你觉得自己无法独立,为此感到羞愧。如果你的伴侣觉察出你对另一个人的深深依恋,你们之间的亲密关系也会因此受到影响。如果移情作用使你的心理治疗时间进一步延长,也会影响你的收支预算。你必须在开始接受治疗之前,就预先考虑这些问题。

生理疗法

生理疗法包括运动、改善营养或注意食物过敏、针压法、草药、按摩、太极、瑜伽、生物能释放疗法、跳舞疗法以及一切药物治疗,特别是抗抑郁和抗焦虑的药物。其实，如今的生理疗法主要是指由心理治疗专家开出的厨房药物治疗。

施加给身体的任何行为都会改变意识。我们期望专门设计的药物会产生效果。不过我们经常忘记，我们大脑，同时也是我们的思想，可以通过睡眠、运动、营养、环境以及性激素状况来改变。反过来，意识上的改变也会引起身体上的变化——沉思冥想、向一位朋友诉说自己的苦恼，甚至只是把烦恼记录下来。每次"谈话治疗"的过程肯定也会使大脑发生变化。

如果某种心理状况使我们的身体或精神不断恶化，乃至失去控制的地步，生理疗法尤其能够帮助我们阻止这种情况。你也许正在经历失眠、疲劳、抑郁或极度焦虑，又或者多种情况并存。这种急剧恶化的原因可能多种多样。据我的经验，生理疗法（一般是使用药物）对于病毒、工作挫折、好友去世、心理治疗中的痛苦话题引起的抑郁，都能产生效果。在任何一种情况下，先阻止生理上的恶化是合乎情理的，因为一个人只有在身体平静下来之后才能进行冷静的思考。

药物治疗之外还有其他生理疗法。有一位高度敏感者选择到陌生的热带景点去度假，暂时忘掉所有的问题，于是成功阻止了这种恶化。回来之后，他以崭新的观点和身体面对以前的问题，结果不错。

另一位高度敏感者，为了阻止焦虑的恶化，不得不中断旅行回家。他所需要的是减少刺激。你的直觉将是个很好的向导，你能确切地知道，应该采取怎样的生理疗法来改变自己的心理状况。

还有一位高度敏感者，精心的营养调理发挥了作用。每个人的营养需求都不一样，需要避开的食物也各有区别，而高度敏感者之间的差异更大。特别是如果处于慢性激发状态中，我们需要额外的营养物质，而平时根本没有注意到这些事情。对于高度敏感者来说，正确的营养配方非常重要。

许多高度敏感者都有一个共同之处——感到饥饿时会很快崩溃。所以不管有多繁忙、多心烦意乱,你都要坚持有规律地进餐。如果你是个有饮食失调问题的高度敏感者,不解决这个问题的话,你肯定会遇到大麻烦。关于这方面有很多方法可以应用。

性激素分泌变化也对人体产生巨大影响,高度敏感者受到的影响更大。甲状腺素分泌的变化也一样。所有这些分泌系统都联系在一起,对皮质醇和大脑神经介质产生巨大的影响。性激素分泌出现问题时会产生的一种影响是,你的心情会毫无理由地大起大落,原本感觉很好,没过一会儿又觉得一切都毫无价值、令人绝望。或者你的精力和神志清醒程度也会出现类似的大幅变动。

无论接受哪一种生理疗法,从药物治疗到按摩,你都要记住自己是非常敏感的。因此在药物治疗时,你应该要求从最小的剂量开始。另外,要仔细选择你的按摩师,事先与他/她谈一下你的敏感性,使他/她回忆起以前遇到的和你类似的人,于是就会明白应该怎样做(如果不行的话,这个人很可能不适合你)。

心灵疗法

心灵疗法包括人们为了探索自身和内在世界的非物质方面所做的一切。心灵疗法为我们带来安慰,告诉我们,除了我们亲眼看到的之外,生活中还有更多的东西。这种方法能治愈这个世界给你带来的创伤,或者使你对创伤更具忍耐力。它让我们知道,我们并没有陷在这种状况里,因为生命中还有更多的东西值得去探索。也许创伤背后还有着某种资源、机会和目标。

心灵疗法通常对高度敏感者最具吸引力。我采访过的高度敏感者中,如果需要治疗内心创伤,几乎每一位都用到过心灵力量方面的资源。我们会被心灵疗法所吸引,其中一个原因是我们喜欢反省内在,另一个原因则是,如果能从不同的视角——超脱、爱、信任——来看待事物，就能使过激状态平静下来，掌控为我们带来压力的情形。其实大部分心灵疗法就是为了找到新的视角。已有确证表明，心灵疗法能为高度敏感者带来安慰。

然而，心灵疗法也有一些缺点，首先可能会使我们忽略其他功课，例如学习与别人相处，了解自己的身体、想法和感觉。其次，心灵疗法也可能会让你对心灵领导者或心灵活动产生积极的移情作用，但这些领导者和活动往往并不知道怎样帮助你克服这种过度理想化的倾向。相反，他们可能甚至会鼓励这种情况，因为你对他们的情感会使你完全遵照他们的指示行事。

还有，大部分心灵疗法都会提到，你需要牺牲自我、牺牲自尊、牺牲个人欲望——要把自我奉献给上帝，有时候则是贡献给那位领导者（通常更容易做到，但也更值得质疑）。有的高度敏感者轻易抛弃了自我。如果你觉得自我根本不重要，那就很容易做出牺牲。而且，如果你认识一些真正成功地放弃自我的人，会发现他们整个人会闪烁出心灵力量的光芒，你自己也会情不自禁地想要和他们一样。但这种充满魅力的光芒并不能保证什么，也许只是反映了一种没有压力且有规律的平静生活——在当今时代，这样的生活非常少见。这些圣徒一般闪烁出光芒的人，在心理、社交，有时甚至是道德方面，仍然可能是一团混乱。就像一幢房子一样，楼上亮着一盏明灯，下面几层却又黑又脏乱。

在这个世界上，一个人要想获得真正的救赎或启示，只能努力克服艰难的个人问题。对于高度敏感者来说，最艰巨的任务并不是回避外在世界，而是走出内心，投入社会。

/// 我最推荐的心理疗法

我最想推荐给高度敏感者的心理治疗，是荣格学派的心理治疗方式，或荣格精神分析法。

荣格的疗法强调了人的无意识，就像所有"深层心理学"一样，如弗洛伊德学派的心理分析或实物关系疗法，这些疗法都属于"人际"疗法。但荣格学派的疗法还加入了心灵方面的内容：了解我们会受到无意识的引领，把注意力扩展到狭隘的自我意识之外。我们会接收到各种各样的信息，比如自我认为有问题的梦、象征、行为等。我们只需随时关注这些信息。

荣格学派治疗或分析的目的在于：首先，为人们提供一个避风港，那些可怕的或是被拒绝的事物也可以在这个港湾里安全地接受检查，而心理治疗专家就像荒野中一位有经验的向导。其次，使患者在这片荒野中感到舒适自在。荣格学派的专家所寻找的并不是治愈的方法，而是希望帮助人们在漫长的一生之中通过与内在世界交流实现个体化。

高度敏感者与无意识有着密切的联系，有着栩栩如生的梦境，联想和精神活动中有着强烈的推动力，我们只有自己成为这方面的专家，才能健康地生活。在某种意义上，荣格的深层心理分析为今天的"王室参谋阶层"提供了训练场地。

/// 关于心理疗法的几点观察

首先，不要一味取悦或忍受一个在治疗过程中以自己为中心的心理治疗专家。心理治疗专家应该像一个足够大的避风港，这样你才不会经常与对方的自我相碰撞。其次，在最初的几次治疗中，不要因为治疗师强烈关注你（大部分治疗师都会这样做）而受到过分的吸引。慢慢来，不要急着把自己完全交出去。

一旦治疗过程开始了，你要认识到这是个需要努力的过程，并不总是令人感到愉悦。强烈的移情作用只是许多无法解释的力量之一，在你的无意识开始自由表达自我的同时，这些力量也被释放出来。

有时候，心理治疗会变得过于激烈、过于刺激——不像是安全的避风港，反而像是个沸腾的大锅。在这种情况下，你需要和治疗专家讨论一下怎样加以控制。你可能需要休息一下，也就是说，需要几次平静的、支持性的治疗，不必太过深入内心。即使表面上看来休息好像延缓了进程，实际上反而会加速治疗的过程。

从最广泛的意义上来讲，心理治疗是整合了各种通向智慧和完整的道路。如果你是个高度敏感者，童年时又受过某些创伤，走上这些道路对你来说至关重要。而且，深层心理分析对于高度敏感者来说尤其可以乐在其中，虽然其他人可能会觉得茫然无措，我们却如鱼得水。这片辽阔美丽的荒野任由我们穿越其中。我们也可以带上各种有用的东西——书本、课程、关系——来一次快乐的露营。一路上遇到的专家和业余人士都变成了伙伴。这里是一片精神乐土。

不要因为社会的态度而退缩。高度敏感者在精神分析中感受到的某些东西，有时候其他人是无法领会的。

实际应用
评估童年的伤口

如果你很清楚自己的童年是快乐平静的，你可以跳过这个评估。不过你也可以在这里庆幸一下自己的好运气，增强对别人的同情。

这个评估可能会令人不安，如果你觉得自己还没有准备好回顾历史，先跳过这部分。即使你的直觉鼓励你往下看，你也要做好准备迎接考验。

准备继续看下去的读者，请浏览下面这份清单。

在符合自己的项目前面打对勾。如果这种情况在你五岁之前发生，在前面画一颗星。如果在两岁之前发生，再加上第二颗星。如果这种情形持续了很久（你可以自己决定怎样才算"久"），把对钩或星星圈起来。

这些对勾、星星和圆圈的小记号，会帮助你了解最大的问题是什么。

☐ 父母为你的敏感迹象感到不快，往往也不知道如何应对。

☐ 你显然是个没人想要的孩子。

☐ 你有过很多个照料者，不是你的父母，也不是家里感情亲密的亲戚。

☐ 你受到干扰性的过度保护。

☐ 你被迫去做自己害怕的事情，忽视了你的承受程度。

☐ 父母觉得你心理或生理上存在着根本性的毛病。

☐ 你受到父母、兄弟姐妹、邻居、同学等人的控制。

☐ 你受到过性骚扰。

☐ 你受到过身体虐待。

☐ 你受到过语言虐待——嘲讽、取笑、大喊大叫、没完没了的批评，或者与你关系亲密的人眼中反映出的你的自我形象，是极为负面的。

☐ 在生理上没有被好好照料（比如吃不饱等）。

☐ 几乎没有人关注你，或者只有在你付出极大的努力之后，才能得到人们的关注。

第 8 章　独特的疗愈过程

☐父母或其他关系亲密的人中，有人酗酒、吸毒，或患有精神疾病。

☐父母大部分时间患病或残疾，什么也做不了。

☐不得不在生理上或心理上照料父母中的一方或双方。

☐父母心理不健康，可能是自恋狂或施虐狂，或者其他无法一起生活的严重问题。

☐在学校或小区里你总是受害者——侮辱或嘲笑的对象。

☐除了虐待之外，你还有其他童年创伤（例如，患了重病、慢性疾病、受伤、残疾、智力障碍、贫穷、自然灾害，甚至是父母失业导致的异常压力等）。

☐社会环境限制了你的机会，或因为贫穷、少数民族等原因将你视为低等人。

☐生活中发生过不受你控制的重大变化（搬家、死亡、离婚、遗弃等）。

☐感觉自己对于某件事情有责任，产生强烈的内疚感，但又无法告诉任何人。

☐想要死去。

☐失去了父亲（由于死亡或父母离异等），与父亲不亲近，或他没有抚养过你。

☐失去了母亲（由于死亡或父母离异等），与母亲不亲近，或她没有抚养过你。

☐父母明显主动遗弃你，或对你表现出个人的排斥，或者你认为自己之所以会失去父母，是因为自己的某些过错或行为。

☐兄弟姐妹或其他亲密的家庭成员离开了人世，或因为其他原因离开你。

☐父母亲经常打架，或已经离婚，会因为你而争吵。

☐青少年时期经常陷入麻烦、想要自杀、吸毒或酗酒。

□青少年时期经常被警方拘留。

　　现在来看一下你的对勾、星星和圆圈，如果不多的话，值得庆祝一下，向应该感谢的人们表达你的谢意。如果比较多的话，这可能会给你带来新的痛苦，你害怕自己有明显缺陷，曾被深深地伤害。

　　现在，回忆一下自己完整的过去。着重于你的优点、才能和成绩，加上所有能够带来帮助的人和事件，以抵消负面影响。然后花点时间，比如一次散步，奖励一下这个经历过艰难困苦，也取得了不少成就的孩子。再考虑一下，这个孩子接下来需要做些什么。

第9章

心灵与精神：真正的财富

听从心灵的呼唤，在不完美中追求完整。

高度敏感者身上有着一种更加侧重于心灵和精神方面的东西。这里所说的心灵，指的是比肉体更细腻敏锐、埋藏于内部的一种东西，比如梦和想象；精神超越了心灵、肉体和万物，同时又包容了心灵、肉体和万物中的所有一切。

心灵与精神在你的生活中应该起什么作用呢？一个心理学观点认为：高度敏感者命中注定要负责发展出人类意识中非常需要的完整性。归根结底，我们有一种天赋，我们能够意识到别人没有注意到或拒绝承认的东西，正是因为忽略了这些东西，导致灾难反复发生。

/// 高度敏感者的四个明显迹象

我在与高度敏感者相处时，总是反复感觉到四个迹象：自发的静默营造出一种神圣的集体存在、体谅他人的行为、心灵/精神导向，以及对这一切的洞察力。对我来说，这些是强烈的证据，证明了我们这个王室参谋阶层，也就是"神职顾问"阶层，能为我们的社会带来某种难以用言语形容的精神食粮。我无法给这种养分贴上标签，但我可以做一些观察。

第 9 章 心灵与精神：真正的财富

1992 年 3 月 12 日，高度敏感者的第一次聚会在圣克鲁斯的加利福尼亚州立大学召开。在会上，我宣读了采访和最初调查的结果，与会人员包括参与研究的人们，以及对这方面感兴趣的学生和治疗专家，他们大多也是高度敏感者。

我首先注意到的是，在我开始之前，教室里鸦雀无声。我事先没有想过现场会是什么样子，按常理来说，大家会出于礼貌保持安静。但现场不仅仅是安静，简直是纯粹的沉默，就像在森林深处一样。这些人的存在，使一间普普通通的教室产生了变化。

就在我准备发言的时候，我又注意到另一个迹象，人们都保持礼貌的专注性。当然，报告题目与他们密切相关。我能感觉到他们与我之间存在着联系。我们都是对于思想非常感兴趣的人，琢磨每一个概念，思考其中的可能性。高度敏感者凡事都很配合，不会交头接耳、哈欠连天、不合时宜地进出会场，从而破坏气氛。

我在给高度敏感者上课时发现了新的迹象。我上课时喜欢中间休息几次，每一次可能选择一起沉默、小憩、冥想、祈祷或思考。凭我的经验我知道，普通听众在这种情况下会感到困惑，甚至觉得苦恼。但如果是高度敏感者，他们会毫不犹豫地认真去做。

还有一个迹象，是我在采访过的高度敏感者中发现的。其中有一半人用大量时间谈论自己的心灵/精神生活，似乎精神生活更能体现他们的本质。至于另一些人，只要我问到内在生活、哲学、信仰、宗教仪式之类的问题，他们的声音会立即焕发出新的活力，好像一直在等待我提到这个话题。

他们对于"有组织的宗教仪式"的反应都很强烈。有些人非常虔诚，也有一些人则会表示出不满，甚至轻蔑。但在未加入组织的人中，自行进行的宗教仪式却颇为兴盛，大约一半人每天都遵循着特定的仪式，转向自己的内心接触精神层面。

下面是他们说出的一些话语片段，听起来都仿佛像诗一样。

多年以来的沉思冥想，愿意"让感受顺其自然"。

每天祈祷，"你就会得到你所祈祷的东西"。

"我会锻炼自己，试着去过一种更接近于动物和人类本性的生活。"

每日深思。唯一的"信仰"就是相信一切都会没问题的。

了解精神力量的存在，一种更加强大的、引领人的力量。

"如果我是个男人，我就会成为耶稣。"

"一切生命都是重要的，我知道，一定存在着更伟大的生命。"

"我们对待其他人的方式，决定了我们是什么样的人。宗教？如果我能够相信的话，倒是会带来安慰。"

"道，也就是宇宙中的力量：不要挣扎着想摆脱它。"

5岁时坐在树荫下开始和上帝交谈，在紧急时刻会听到一个声音的引导。曾受到天使前来拜访。

"每天两次深深地放松。"

"我们的存在是为了保护地球。"

"每天两次深思；曾经产生过海洋一般广阔无垠的感觉，持续几天的幸福快乐；但精神生活是不断成长的，也需要理解。"

"我变成酗酒者之前都是无神论者。"

"我会思考耶稣和圣徒。我的精神感觉仿佛潮涨潮落。"

深思，展开视野，梦境使她充满了"光芒四射的能量，很多日子里充满了令人难以承受的快乐和光彩。"

"4岁时听到一个声音，向她保证她永远都会被保护。"

"整体上看来，生活是幸福的，但生活不是为了过得舒适，而是为了了解上帝，为了构建起自己的性格。"

"儿童时期，宗教信仰使我受到吸引也感到排斥，但我始终会接触到一些超自然的、神秘的事物，我不知道该怎样应对。"

第 9 章 心灵与精神：真正的财富

"我有过很多宗教经历，孩子出生的时候，我终于实现了完美的纯粹。"

"撇开宗教仪式，直接走向上帝（通过沉思冥想）"——走向贫困的人们。

印度尼西亚一种群体性的精神活动是唱歌、跳舞，以达到一种"充满幸福的自然存在状态"。

每天早晨祈祷半小时，反思过去，展望未来——"上帝会赋予我们洞察力、纠正我们的错误、为我们指明道路"。

"我相信，如果基督使我们重生，我们会被赋予成长发展的能力，于是我们就可以在上帝的光辉下生活。"

"真正的宗教活动体现在日常生活中，就像信仰体现在所做的每一件好事中。"

"我是一名佛教徒、印度教信徒、泛神论者。我相信每一件事情的发生都是必然，尽可能享受其中的乐趣，无论是上坡、下坡、还是后退，都要走得优雅美丽。"

"我经常感觉自己和宇宙融为一体。"

/// 创造神圣的空间

我很喜欢人类学家谈到的仪式领导能力及仪式空间的说法。仪式领导者为其他人创造的这种经历，只能够在一个仪式性的、神圣的、过渡式的空间里举行，而在世俗的世界中是不可能存在的。在这样的空间中产生的经历，能够起到某种改造作用，具有一定的意义。如果没有这些经历，人生会变得单调而空洞。仪式领导者会划分并保护好这个空间，其他人进入这个空间的时候，引导他们在这里的体验，并帮助他们正确理解这段经历，再返回到社会上去。传统的一些启动性的仪式，标志着生活中的重大变化——成人、结婚、成为父母、成为长者、死亡。也有另一些仪式代表着治愈、引入幻觉或神灵的启示来指明方向，或者使人进入与神灵更紧密和谐的状态中。

如今，神圣的空间已经变得世俗了。这样的空间需要很强的隐私性，并小心照料才能存在下去。神圣的空间可能出现在教堂中，也可能出现在某位心理治疗师的办公室里；可能发生在传统的社区仪式中，也可能发生在男性或女性的聚会中。这种空间出现的迹象可能是穿上特定的仪式服装、画出举行仪式的圈子，也可能是谈话的主题或语调有了一点点的变化。如今，神圣空间的边界始终在不断变换、符号化，很少能看得见。

虽然有些高度敏感者因为曾经有过不好的经验，会排斥任何看起来神圣的东西，但是对于大多数高度敏感者来说，在这样的空间里他们会感到最为自在。有些高度敏感者几乎会自发性地在自己周围创造神圣空间。于是，他们选择的职业往往就是替他人制造这样的空间，于是在这个世俗的时代中，高度敏感者就成了制造和照管神圣空间的神职人员阶层。

/// 探索心灵与精神文化

如今，我们很多人会成为艺术家、诗人，而非预言家和先知。问问你自己，太阳是否从东方升起，然后看看你对自己的"错误"答案有何感觉。你的答案当然是错误的。因为太阳并没有升起，是地球在转动。很多个人感受都是这样，我们无法完全信任感受或眼中所见的事物。我们只能信任科学。

科学获胜了，被视为了解一切的最佳方式。但科学并不打算回

第9章 心灵与精神：真正的财富

答那些宏大的精神、哲学、道德问题。于是我们表现得仿佛这些问题并不重要，但其实它们很重要。社会价值和行为始终以暗示的方式回答着这些问题——社会上尊敬什么样的人、热爱什么样的人、害怕什么样的人，什么样的人会被抛弃在一边无衣无食。如果这些问题能够获得明确的解答，往往是由高度敏感者解决的。

然而，高度敏感者也不能完全确定，自己怎样才能感受或相信无法看到的事物，尤其是很多曾经相信的事情都已被科学证明是错误的。当我们发现太阳升起这件事只是人类愚蠢的误解，我们就很难相信自己的感官，更不用说我们的直觉了。看看神职人员阶层曾经坚定不移支持的一些信条，其中很多"如今已经被证明是错误的"，或者更糟，最终发现只是出于自私自利。

对信仰的打击，并非全部都直接来自科学，还有通讯和旅行。如果我相信天堂的存在，而地球上另一边几亿人相信的是转世投胎，我们双方怎么可能都是正确的？如果我的宗教信仰中有一部分是错误的，那么余下的部分呢？宗教比较学的研究表明，一切都只是想要为自然现象找到答案，再加上为了面对死亡时感觉轻松一点。所以，为什么不抛弃这一切迷信和感情支柱呢？而且，如果上帝真的存在，你要怎么解释世界上这一切麻烦？又怎么解释宗教本身导致的那么多麻烦呢？

每一类人中都有着高度敏感者。就像探险家和科学家一样，探测未知的领域，然后再回来报告。

很多人也会感到犹豫，究竟要不要报告。在一个更崇尚身体而非心灵和精神的文化中，高度敏感者本身就经常受到排斥。

但时代需要我们，参谋和武士之间如果不能达到平衡，始终都是一件危险的事情，尤其是当科学否定了直觉的时候，在未经深思熟虑只为一时方便就决定各种"大问题"的时候。

这个领域要比其他任何领域都更需要高度敏感者的贡献。

/// 寻觅生命意义，激励他人

如果你对于先知的角色感到不安，那也是很自然的。然而，在"存在的危机"中，你会发现自己变成了演说家，甚至传道士。一位犹太精神病学家维克托·弗兰克，被关在集中营时就遇到了这样的情况。

弗兰克（显然是一位高度敏感者）在《活出生命的意义》一书中写道，他发现自己能够激励狱友们，凭直觉知道人们需要什么，他们的渴望有多么深刻。他还发现，在严酷的生存环境中，能够从别人身上汲取生存意义的人，身心两方面都会更坚强，最终顽强地活下来。

敏感的人如果习惯了丰富的精神生活，也许肉体上备受折磨（他们通常体质较弱），但是对他们内在精神生活的伤害却较小。他们能够从可怕的外部环境中，退回到自己丰富的内心生活中、自由的心灵世界里。只有从这个角度，才能解释一个矛盾的现象：有些被关押的人身体并不强壮，却往往能比一些体魄强健的人更好地在集中营里活下来。

在弗兰克看来，在集中营里，有时候他感到自己生存的意义就是帮助他人。或者他正在碎纸片上写着的书，或者他对妻子深深的爱，成了他活下去的理由。

另一个例子是埃蒂·伊勒桑，她也是一位高度敏感者，在艰难岁月里找到了生命的意义，并鼓舞他人。她在阿姆斯特丹写下的日记中表述：……始终在内心深处拼命努力着，想要从历史和精神的角度理解和重新看待自己所经历的一切。慢慢地，她在恐惧和疑虑中，取得了精神上的温柔而平静的个人胜利。你可以听到很多她的

第9章 心灵与精神：真正的财富

轶事，从她那里找到深深的安慰。她把遗言写在一张碎纸片上，从一辆前往奥斯威辛的牛车上扔出来，这是我最喜欢的引言："我们唱着歌离开集中营……"

埃蒂·伊勒桑从荣格的心理学和里尔克的诗歌中（两人都是高度敏感者）汲取了精神力量。关于里尔克，她写道：

> 想起来有点不可思议……（里尔克）如果处在我们现在的境地，也许会精神崩溃。但这岂不是更加证明了生活是公平的？在和平时代，身处顺境的敏感艺术家们，也许会追求以最纯粹、最恰当的方式表达自己内心深处的思想。于是，在动荡混乱的岁月中，别人可以从他们的作品中寻求支持，就各种令人迷惑的问题寻找答案。他们无力自行找到答案，因为他们的全部精力都耗费在最基本的生活需要上了。可悲的是，在艰难的岁月里，我们往往会抛弃艺术家在"太平"时期创造的精神遗产，认为这些东西对我们毫无意义。

无论你生活在哪个时代，每个人迟早都会经历苦难。如何自己挺过苦难，也帮助别人走过去，这就是高度敏感者的创造力和道德力量的最佳体现。

如果高度敏感者拿自己与勇士相比，觉得自己很弱小，这对我们自己和其他人都没有好处。我们拥有的是另一种不同的力量，通常是更为强大的力量。只有这种力量才能抵御不幸和邪恶。当然，这种力量也需要勇气，而且可以通过训练来增强。这种力量也不仅仅是在苦难中忍耐、接受、寻找人生的意义，有时候，也需要你运用技巧和策略，采取行动。

在一个天寒地冻的冬季夜晚，停电了，一片漆黑中，营房里绝望的狱友恳求弗兰克给大家讲点什么。弗兰克知道，有些人已经在计划自杀了（自杀不但会使人们更加低落，而且只要发生一例自杀，营房里每个人都会受到惩罚)。弗兰克发挥所有心理技巧,寻找正确的话语,在黑暗中对大家讲话。来电后,人们围坐在他身边,眼里噙满泪水感谢他。一个高度敏感者就这样赢得了胜利。

/// 引领追求完整的过程

通过完成个体化的过程这种方式,你可以找到自我生命的意义,明白自己真正想做的是什么。就像玛莎·西纳塔在她的著作《身为僧侣和神秘主义者的普通人》中写道:"完整人格的关键在于:找到对自己来说是善的东西,然后紧紧抓住它来实现完整。"我只想补充一点,你抓住不放的东西,不是一个固定的目标,而是一个过程。需要倾听的声音日复一日、年复一年都在变化。同样,弗兰克也拒绝谈论生命唯一的意义。

因为生命的意义因人而异,每一天、每一刻都在变化……笼统地提出这个问题,无异于问象棋冠军:"大师,世界上哪一步棋走得最好?"抛开一局棋的具体情景,根本谈不上所谓最好的一步,甚至不错的一步……人不应该寻求抽象的生命意义。

追求完整,其实是环绕一个中心运行,穿过各种不同的意义、不同的声音,最终越来越接近中心的过程。但是一个人永远也无法抵达中心,只能越来越清楚地看到这个中心。如果我们一直在环绕中心运行,就不太可能变得自负,因为我们体验着自己的每一种经历。这就是追求完整的过程,而不是追求完美,完整就必须包含不完美。

我把这种不完美描述为一个人的阴暗面,包含了我们身上受到压抑、排斥、否认和讨厌的部分。认真负责的高度敏感者,也像任何人一样,有着许多不讨人喜欢的性格和不道德的冲动。即使我们选择不理会它们,它们也不会消失,有些只是隐藏起来罢了。

第9章 心灵与精神：真正的财富

想要了解自己的阴暗面，也就是更好地认识自己身上令人讨厌或不道德的部分，随时注意着它们，而非把它们扔出前门完事，因为我们一不注意，它们又会从后门溜进来。从道德角度来说，一般最危险的人和处于危险境地的人，就是那些认为自己绝对不会做错事的人，那些自以为是的人，那些完全不知道自己也存在阴暗面的人。

了解自己的阴暗面，除了在道德上能更进一步之外，如果你能有意识地把这些阴暗面整合到自己的性格中，它的能量也会为你的个性带来活力和深度。创意十足的高度敏感者要解放自己，不要因循守旧。多了解一下自己的阴暗面（你永远不可能了解到全部），是帮助你摆脱过分社会化这副枷锁的最佳方式，也许是唯一的办法。高度敏感者往往在童年时代就已经套上了这副枷锁。

高度敏感者身上有认真勤恳、希望取悦别人的一面，也有强大、诡计多端、自我膨胀的一面，这两面互相碰撞，也互相汲取力量。作为一个整体，每个方面互相尊重，也彼此牵制，它们——也就是你——将成为世界上宝贵的存在。

这些都是追求完整的一部分，高度敏感者在这一重要的人类工作上可以起到引领者的作用。因为我们天生就处于一个极端——敏感的极端。在西方文化中，我们不仅是少数派，而且与理想的类型相距甚远。我们似乎有必要走到另一个极端去，从弱小、缺陷、受人欺凌的感觉，走到强大和优越的感觉。这样做是一种必要的补充。对很多高度敏感者来说，真正的挑战在于达到中间位置。

完整性是高度敏感者在精神和心理生活中面临的一个中心问题。如果我们只追求精神而忽略其他的一切，那就过于偏颇了。看到最为神圣的事物变得不那么崇高了，最深刻的心理学观点无法洞察我们的心理，我们会感到非常痛苦。追求完整性，而非完美，也许是领悟这一点的唯一途径。

除了上述两方面整体的看法之外，追求完整的道路因人而异，即使高度敏感者也是如此。如果我们封闭过度，就该努力参与社会，强迫自己走出去。如果我们参与过度，必须稍微后退一点。如果我们用盔甲保卫自己，终有一天不得不承认自己的脆弱之处。而如果我们一直非常胆怯，就会觉得自己一无是处，除非我们能学着变得自信。

从荣格的内向和外向的观点来看，大多数高度敏感者需要更加外向，才能更加完整。我曾经听说过马丁·布贝尔，他写了一个很有说服力的关于"我和你"的故事。他说，他的生活因为某一天而完全改变了。当时，一位年轻人上门求助，布贝尔觉得自己正忙于沉思冥想，正在逐渐接近神圣的境界，于是他没有接待年轻人的来访。不久，那个年轻人战死沙场。布贝尔听到这一噩耗，认识到自己内向隐居的做法有失偏颇，于是他开始致力于发展"我和你"的观点。

没有人能够实现真正的完整。肉眼凡胎的人类，其生活必然有其局限限制——我们不可能在矛盾的两方面实现完整——光明和黑暗、阴柔和阳刚、有意识和无意识。

只要我们进入这个不完美的世界，通过我们不完美的身体行动，我们就会同时成为完美和不完美的存在。在任何两极状态中，我们始终只能保持一半的状态。我们在一段时间里是内向的，然后一定要变得外向，以保持平衡。我们在一段时间内是强壮的，然后就会变得虚弱、需要休养生息。世界迫使我们在任何时候都有局限性。"你不可能既是牛仔又是消防员。"而我们身体上的限制，进一步加强了这一局限性。我们只能不断努力，试着恢复平衡。

人的后半生通常会与前半生相平衡。就好像我们已经疲惫不堪，完全厌倦了一种生存方式，想要换一种活法。害羞的人打算成为单口相声或喜剧演员。曾经致力于为他人服务的人感到身心疲惫，不

第9章 心灵与精神：真正的财富

明白自己怎么变得这么依赖他人？

一般来说，我们的任何特长都必须有一个对立面与之相平衡，也就是我们不擅长的或害怕尝试的事情。荣格学派中提到的一种对立的两极，就是接收信息的两种方式，通过感官（事实）或直觉（事实的微妙含义）。另一种对立的两极则是对接收的信息进行判断的两种方式，通过思维（以逻辑或普遍认识为基础）或情感（以个人经验，以及看上去对我们自己和亲友有益的东西为基础）。

我们每个人在感官、直觉、思维、情感这四种"功能"上各有所长。高度敏感者一般擅长直觉（思维和情感在高度敏感者中也很常见）。但如果你是内向的——就像70%的高度敏感者一样——你会主要在内心生活中运用自己的特长。

有很多专门设计的测试题，可以帮助你判断自己擅长哪一种功能，而荣格认为，通过仔细观察自己最不擅长的功能，我们能够获益更多。这种功能总是使我们感到自卑。你在什么时候会觉得自己是个外行？需要逻辑思维的时候？不得不判断自己对某件事物的个人感受的时候？需要凭直觉感知微妙的层面上发生了什么的时候？还是必须专注于事实和细节，无须推敲、创造、发挥想象力的时候？

没有人天生同时擅长这四种功能。但玛丽-路易丝·范·弗朗兹针对"劣势功能"的发展写了一篇很长的文章。她认为，加强我们身上能力较差、相对笨拙的部分，是一条通向完整性的极具价值的道路。这个过程会使我们接触到埋藏在潜意识中的东西，从而使我们能够与所有的一切更加和谐一致。我们的劣势功能就像童话故事里那个最傻的小弟弟，最后是他拿着金子回到家。

如果你属于直觉型（在高度敏感者中最常见），你的劣势功能就是感官——专注于事实、处理细节。感官功能的局限性因人而异。比如，我认为自己很有艺术才华，不过是在直觉方面。我擅长语言表达，但我总是有太多的想法，说了太多的话。我在更具体的、存在限制的事情上很少有什么艺术天分——比如装饰住宅或办公室、决定穿什么衣服。我喜欢穿得漂漂亮亮的,但一般都靠别人给我买衣服。因为在这两种实际情况中,我都无法忍受商店。有那么多东西摆在那里,使我受到过度刺激、困惑不已。而且我还必须做出最终决定。所有这一切——感官刺激、实际问题、做出决定——对于内向直觉型的人来说,都是非常困难的。

另一方面,有些直觉型的人很擅长买东西。他们能看到其他人所忽略的可能性,能看出事物在特定场合下会是什么样子。很难概括直觉型的人都擅长些什么,最好还是从行事风格上来考虑。数学、烹饪、看地图、做生意——每件事情都可以凭直觉或"照书本"去做。

范·弗朗兹认为,直觉型的人往往更容易完全被感官体验征服——音乐、食物、酒精或毒品、性。他们失去了对这些东西的正常感觉,但却有着非常强烈的直觉,能透过表面看到意义。

其实,当你努力与劣势机能(这里的例子就是感官)接触时,优势机能往往会产生干扰。范·弗朗兹举了个例子,一个直觉型的人开始从事陶艺工作(很适合培养感官能力,因为陶艺非常具体),但他很快开始沉浸于各种想法中,"如果所有学校都有陶艺课该有多棒,如果每个人每天都用陶土做一样东西,整个世界会有多大改变,一个人能够从陶艺中看到整个宇宙,在这个微观世界中能够看到生命的意义!"

/// 高度敏感者的价值

勇士或国王们总是会告诉我们,相信心灵/精神王国的存在,是软弱的表现。他们害怕自己身上有什么东西会削弱他们那种勇气和

第9章 心灵与精神：真正的财富

力量，所以也只能这样看待别人。但是我们的力量、天分和勇气与他们的不同。把我们感受心灵/精神生活的天分说成是软弱的表现，或者只是出于恐惧、需要安慰，这就等于说鱼之所以在水里游泳，是因为它们软弱得无法行走，它们之所以满足于待在水里的可怜需要，只是因为它们害怕飞翔。

也许我们应该以其人之道还治其人之身：勇士们之所以害怕心灵/精神生活，是因为他们太软弱，离开了他们自己对于现实的观点，他们就无法活下去。

但只要我们了解自身的价值所在，就没有必要还之以恶言。总会有一天，勇士们会很高兴能与我们一起分享内在生活。同样，总有一天，我们会欣赏他们的特长。这样我们才能彼此合作。

现在，愿你的敏感性能够成为你和其他人的幸运。愿你在这个世上尽情享受平安和欢乐。随着你的生活一天天过去，越来越广泛的世界正在向你展开。

实际应用
和你的劣势功能成为朋友

找一件会体现出你的劣势功能的事情——最好是你以前从来没有做过的，但也不是很难的事情。

·如果你属于情感型，可以试着读一本哲学书，或者去听适合于你的背景知识的理论数学课、物理课。

·如果你属于思维型，可以去美术馆参观，强迫自己不要看作品标题和画家的名字——对每一幅作品做出自己的反应。

·如果你属于感官型，你也许可以试着观察街上行人的外表，从中想象出他们的内心感受、生活经历以及未来。

·如果你属于直觉型，可以做个旅行计划，搜集目的地的详细资料，预先计划好要带的每一件东西，要做的每一件事情。如果这些都很容易做到，那么买一台复杂的新电器，比如电脑或录像机，按照说明书把它安装好，了解所有的操作功能。不要让任何人来帮忙。

在逐渐准备好之后，观察自己的感受、抵触情绪、脑海中浮现出的形象。不管这些"明明很简单，但就是做不到的事情"令你感觉自己多么笨拙、多么自卑，都要严肃地对待你的任务。范·弗朗兹认为，这类似于苦行戒律，不过是专门针对你的特点设计的。你放弃自己的优势功能，进入另一条更辛苦的道路。

要注意，一定要克制住让优势功能插手帮忙的欲望。

比如，对于直觉型的人来说，一旦决定了旅行目的地，就要坚持做到底。保护好自己脆弱但具体的决定，不要被想象中各种其他的路线破坏掉。至于电器，不管你有多么强烈的冲动想扔开说明书直接去做，你都要记住，这都是直觉的作用。你还是要慢慢来，理解说明书上每一个细节之后再继续下一个步骤。

第 10 章
寻求专业帮助

独特的身心,需要独特的关照。

/// 敏感特质对医疗方式的影响

·你对身体上的各种迹象和症状更为敏感。

·若是你的生活不适合于你的敏感特性,你更容易患上与压力有关的疾病或"身心"疾病。

·你对各种药物更为敏感。

·你对疼痛更为敏感。

·医院环境、医疗程序、健康检查及治疗会加剧你的激动状态,通常会引起过激反应。

·在医疗环境中,深刻的直觉使你无法忽视人类生活中病痛和死亡的阴影。

·基于以上所有原因,也因为大多数医护人员不是高度敏感者,你同他们的关系往往更容易出问题。

讨论一下上面清单中隐含的问题。

你很容易注意到细微的生理信号,这意味着你会发现很多假警报。但这也没什么问题,去看医生,问问清楚。如果还不确定,不妨再看一次。

然而你在医生的办公室里往往会表现得有点紧张、过于激动。你觉察到某些细微症状，为此感到担心，否则你不会来看病。你也清楚，很可能最终证明你根本没病，医生会觉得你过于大惊小怪。很多原因会使医生在一开始就假定你的微弱症状"完全是想象出来的"，并在诊断结束时向你暗示这一点。你不想表示抗议，使自己看上去神经过敏，你觉得有点尴尬，但又不想给别人带来麻烦。你离开的时候仍然感到担忧，这又使你开始怀疑自己是否真的神经过敏。

你对药物的敏感性是确实存在的。而且，由于担心副作用，你会过度紧张，从而使敏感性表现得更为强烈（大多数药物确实有副作用，这并不是你神经过敏）。在你第一次服用这种药物时，也可能是其他事情使你受到过度刺激，因此你应该等到自己平静下来之后，再看看药物的作用。

如果你确定某种药物会产生不良反应，请相信自己的感觉。药物过敏会出现各种各样的不同反应。你的医生应该尊重你的感觉，想办法帮助你。

不同的人对疼痛的敏感性也有着很大的区别。例如，有些女人在生孩子时几乎一点都不疼，对她们进行的研究发现，这样的女人在生活中也很少感觉到疼痛。毫无疑问，反过来也一样——有些人生活中会经常感觉到疼痛。研究表明，高度敏感者会比一般人感受到更多的疼痛。

我们的心理状态也会对疼痛的感受产生一定影响。因此，感到疼痛的时候，最好能像一位和蔼、慈爱、体贴、冷静的父母一样对待自己的婴儿/身体自我，这样往往有助于减轻疼痛。把自己对疼痛非常敏感这件事告诉能够帮助你的人，也是非常重要的。他们充分了解你的情况之后，就会把你的反应视为人类心理的正常差异表现，以适当的方式对待这一点（别忘了，你也许对止痛药更加敏感）。

接受治疗或检查时，你应该了解怎样的措施最有助于减轻过激状态。我们有些人希望医护人员边做边解释一切，另一些人则更喜欢安静。有些人喜欢有朋友的陪伴，而另一些人更喜欢单独一人。有些人服用额外的止痛药或抗焦虑药比较有效，另一些人却发现服药后只会变得更加痛苦甚至失控。

而且，也有很多事情是你可以为自己做的，你可以事先尽可能熟悉医院和治疗的情况，用各种各样的办法让自己冷静下来、集中注意力、缓和情绪。在事后，你也可以温柔地理解和接受自己当时的强烈反应，从而使自己感到安慰。

你可以把问题列成一份清单，在就医的过程中做些笔记，也可以带另一个人一起去听医生的诊断，问一些你没有想到的问题（这样事后还有另一个人的记忆可供核对）。你也可以和医生解释一下你的困难。专业人员会通过闲聊或其他方式帮助你平静下来。为了弥补紧张不安造成的影响，你也可以请医生重复一下他的指示。

同时也要记住，在激动紧张的时刻，尤其是在你面对严重的身体疼痛或情感痛苦时陪伴在你身边的人，往往会使你产生一种依恋心理。你只需了解一下为什么会出现这种情况，适当地进行补偿。

处于过激状态是个很难处理的问题，而且几乎无法避免。在医院的环境中，你面对着生老病死，这个问题就变得更严重了。在生活中意识到死亡的存在，对我们来说有着一定的意义，会使我们更加珍惜此时此刻。如果意识到死亡会给你带来过度刺激，你也可以利用一种很好用的常见防御方式：拒绝承认现实。让你周围的朋友和家人来帮助你。他们过去或将来某一天也会面临这些问题。你不需要觉得自己是个古怪的人，或者是别人的负担。我们大家都会面对这些事。

/// 是否要服药？

高度敏感者在做出这样的决定之前，应该充分了解各方面的信息。

病情危险期用药

在病情危险期间服用药物与为了改变个性而长期服用药物相比，两者有着重要的区别。有时候，为了摆脱过激状态引起的恶性循环，白天没精神、晚上又睡不好，药物是最简单，甚至是唯一的方法。但是有的医生认为，心理上的痛苦完全可以忍受，尤其是如果痛苦的原因是"外部"的，比如失去亲人或对自己的表现感到不安。

对你来说，最好的办法是在真正处于危险期之前就决定好要怎么办。

即时缓解过激状态的速效药

高度敏感者最常用的药物有两种，第一种是快效"抗焦虑"药物，如利眠宁、安定和佳静安定（大部分会使你昏昏欲睡——有时这是个优点，有时则相反）。所有这些药物都能在几分钟内缓解过激状态。但是正如你现在所知道的，处于激发状态并不一定是焦虑，所以不要让人给你贴上"有焦虑倾向"的标签。你可能只是受到了过度刺激。

很多人都依靠这些药物入睡、完成某项任务、度过生活中的紧张时期。然而，这些药的药效短，长期服用又容易上瘾。所有能够使我们从激发不足或激发过度中迅速恢复最佳激发状态的药物，似乎都多少会让人上瘾。酒精和麻醉剂可以帮助我们摆脱激发过度的状态，咖啡因和安非他明能使我们走过不足的状态，但它们全都会让人上瘾。

为了达到同样的效果,你需要摄入越来越多的剂量。增加剂量后,药物可能会开始损害身体,而且身体自然平衡激发状态的能力也会受到抑制。

治疗长期过激状态的抗抑郁药

抗抑郁药是医生建议高度敏感者服用的另一类药物,用来处理敏感特质带来的任何感觉或实际伤害,比如百忧解。抗抑郁药一般需要服用2~3个星期才能产生效果,虽然并不会很快起效,但正因为此才不会很容易上瘾。

如果你决定服用抗抑郁药,请去找一位有资格开处方药物的心理治疗专家——他们根据多年经验,对于不同的人及其对不同药物的症状反应,已经建立起一种直觉——毕竟人与人之间的区别很大。不过,这些专家肯定很相信药物的效果,所以只有当你确定自己需要服用药物之后,再去寻求这方面的帮助。

药物以外的选择

其实,还有其他一些方法可以改变你体内的化学物质——散步、深呼吸、按摩、健康食品、躺在爱人的怀里、听音乐、跳舞。还有无数内容可以加进这个列表。

"天然"草药镇静成分早在原始人住在山洞里时既已得到应用。洋甘菊就是个典型的例子。薰衣草、西番莲、啤酒花和燕麦茶也一样,健康食品商店可以为你提供建议,一般都有各种草药巧妙混合起来制成的茶包或胶囊出售。你会发现它们的药性也各有不同——有些对你来说更加有效。睡前服用适当的草药可以使你产生睡意,很有效果。如果你缺钙或缺镁,补充相应的矿物质也许同样有助于使你感到平静。但要谨慎小心,"天然"的药物也可能药效很强。

你的医生也许从未提起过这些更古老或更简单的治疗方法。医生们经常接待药品公司的推销员,却不会有人向他们推荐一次散步或一杯洋甘菊茶的处方。

/// 抗抑郁药怎样作用

你的大脑是由数以亿计的神经元细胞组成的,通过长分支来传递信息,彼此沟通。但这些分支没有互相接触,当信息到达一个分支的末端之后,必须跨越到另一个分支上去,有点像摆渡。出于各种各样的原因,这就是大脑的构成方式。

要跨越两个分支间的空间,神经元制造出许多化学小船,称为神经递质,也就是神经元释放到这个空间中的少量物质。在不需要神经递质的情况下,神经元会把这些小船收回。通过释放和收回,大脑中始终维持着适当的有效神经递质。

抑郁似乎是因为某些神经递质不起作用而引起的。抗抑郁药可以增加神经传导物质,但并不是真正增加神经递质,毕竟大脑是封闭的。但你可以让某些药物进入大脑,诱使大脑误以为这些药物就是神经递质。这就使生理循环中出现了更多的神经传导物质。

实际情况远远更加复杂。一种很可能出现的情况是,有些人制造了"太多"的神经递质受体(这可能也是我们对刺激如此敏感的原因之一),于是神经递质很快就被用光了。处于紧张状态或处于慢性激发状态的时候,很可能会产生额外的受体。抗抑郁药的另一个效果就是减少受体的数量。

你是否觉得有点奇怪,为何持续的过度刺激状态导致抑郁,而抑郁又可以通过抗抑郁药缓解?如果人们长期处于压力(过度刺激)之下,会缺少某些神经递质(其他事物也可能减少大脑中这种重要物质,比如某些病毒）。一旦神经递质不足，有些人就会感到情绪低落，也就是抑郁。但不是每个人都会这样。作为一个高度敏感者，这并不意味着你更容易陷入抑郁状态，长期的过度刺激才是罪魁祸首。

有好几种物质都属于神经递质类型，而且每年都会发现更多。在很长一段时间里，各种抗抑郁药能够对多种神经递质产生作用。而百忧解令人惊异的地方在于，它只作用于一种神经递质，血清素。百忧解及相关药物——赛乐特、左洛复等——被称为"选择性血清素再摄取抑制剂"，或简称为SSRI。没有人知道为什么这种选择性抑制剂非常有利于治疗某些疑难病症。不过科学家们目前正在努力进一步认识血清素。

所有心理治疗专家都在关心一个问题：一些服用SSRI类药物的人，似乎"治愈"了一些根深蒂固的个性特征，其中一种特质就是天生"对压力反应过度"的倾向，用我们的术语来说，就是很容易受到过度刺激。

———抗抑郁药的社会问题———

畅销书《倾听"百忧解"的呼唤》的作者彼得·克雷默针对这种能够改变一个人的整体个性的药物，提出了很多引人深思的社会问题：

假如有一天人们转变个性就像换衣服一样方便，你会有何感想？如果能够轻易改变自我，那么我们对自我的观念又将产生什么变化？如果给那些没什么大问题的人贴上生病的标签，让他们服药——只是为了产生某种特定感觉——这与毒品有什么区别？为了在高度压力下享有竞争优势，是否每个人都必须服用百忧解，然后是超级百忧解？克雷默还多次提到一个问题：每个人都选择服用这种药物的社会，会失去些什么？

第 10 章 寻求专业帮助

如果你是个典型的高度敏感者，有人让你服用抗抑郁药时，你需要在做出决定前好好考虑一下克莱默提出的和你自己思考的问题。

/// 血清素与高度敏感者

血清素为何如此重要，因为它是大脑里 14 个不同部位"选择的神经递质"。彼得·克雷默认为血清素有点类似于警察。血清素含量足够的情况下，就像警察正在巡逻，所有的事情都更加安全、井然有序。周围有警察，黑暗的小巷看起来就不那么危险了。类比起来，如果大脑中某个部位导致抑郁，血清素会消除抑郁，也会阻止过度的强迫行为或完美主义。

增加血清素会带来很大变化。但是对于高度敏感者以及我们强大的暂停检查系统来说，只有在更多的血清素起作用时才会有这样的效果——就像街上需要出现更多的警察。

当我读着《倾听"百忧解"的呼唤》一书中的案例时，不禁想到克雷默的病人中有多少是高度敏感者，他们不知道怎样尊重自己的敏感特质，也不知道怎样在一个不敏感的社会中照顾好自己。结果，他们长期处于过激状态，血清素水平偏低，于是就请来百忧解帮忙。

克雷默引用证据说明，如果血清素不能恢复正常水平，会发展为永久性的敏感、过激和抑郁，并带来真正的伤害。因此，我们需要保持安全、放松的状态，保持较高的血清素水平。这样，我们才能享受自己的敏感特质带来的好处，欣赏各种细节。

有一项研究表明，在一个猴群中，处于优势地位的猴子血清素水平更高。增加一只猴子体内的血清素水平，同时减少其他猴子体内的血清素，这只猴子就会占据优势地位。把一只猴子放在等级制度的顶端，也会增加它大脑里的血清素，而把它赶下这个位置则会减少血清素。这就是医生为什么想要增加你体内的血清素——为了帮助你在这个重视等级制度的社会中占据优势，更加成功。

高度敏感者具有人类特有的能力（洞察力、直觉、想象力），但是高度敏感者容易缺少血清素，这使我们不得不思考这其中的原因。似乎可以假定，我们缺少优势是因为血清素水平偏低。也许实际情况是反过来的，因为我们感觉自己具有缺陷，或者在等级制度中位置较低，才会导致血清素降低。血清素水平偏低、抑郁以及其他所有问题，是否都是由于高度敏感者被社会"贬低"而引起的？

想一想那些"害羞敏感"的中国儿童，在班级里都是令人羡慕的好学生，他们体内的血清素水平如何？再想一想加拿大那些敏感儿童的血清素水平，他们在班里的等级制度中处于底层。也许我们所需要的并不是 SSRI 类药物，我们需要的是尊重！

/// 你希望服用 SSRI 类药物改变敏感特质吗？

我希望这些药物对非抑郁的高度敏感者产生的影响能有数据资料。但这些药物对于高度敏感者的平均影响，并不能代表对你产生的影响，因为帮助一个人治愈抑郁的药物，也许对另一个人毫无用处。影响个性的药物也是同样道理。高度敏感有很多不同类型，因此考虑到自己的敏感特质，你需要注意，不要对任何事物（比如血清素）做出单一的解释。

在做出决定之前，要考虑下面几个问题。

1. 对于现在的自己到底有多不满意？
2. 为了维持你所做出的改变，你愿意下半辈子一直服用药物吗？做出决定之前需要仔细考虑潜在的副作用和后续的长期影响，这两点还都不为人所知。

至少对10%~15%的人来说,这些新型药物的主要副作用有点类似于安非他命之类的兴奋剂。有些人抱怨他们失眠、多梦、无法控制的坐立不安、恶心或腹泻、体重减轻以及头疼、焦虑、多汗。一种解决方法是,在晚上服用抗焦虑药,抑制兴奋。但如果我不得不服用两种药力这么强的药,恐怕会感觉很困扰。而且抗焦虑药很容易上瘾。

许多高度敏感者服用一段时间的百忧解和类似药物后,就停止服用了,因为这些药无法带来多少帮助,或者他们不喜欢那种刺激的效果。

患者们往往无从得知的一点是,大多数SSRI类药物可能影响男人的性行为、女人的性高潮,以及双方的性需求。还可能导致明显的体重增长。最后,SSRI类药物与其他某些药物,特别是其他抗抑郁药混用时,会带来极大危险,因为血清素水平过高对人体有害,甚至可能引起死亡。

天下没有免费的午餐。以上这些并不是为了阻止你用抗抑郁药,特别是当你处在危险期时,你完全可以使用抗抑郁药。我只是希望你能了解这类药物的相关信息。

如果高度敏感者不是为了度过病情危险期,而是为了改变自己生活的基本方式——也就是为自己的个性特征而考虑是否服药,那我们必须首先深入思考上面这些重要的社会问题。

/// 如果你准备服药(或已经服药)

有些人已经在服用SSRI类药物了,另一些人也会在将来决定服药。除了从中获益之外,你也为我们对这类药物的了解作出了重要的贡献，就像不服药的人将成为实验中的"对照组"一样。

克雷默怀疑，这些药物是否会夺走我们稳定的自我感觉。许多女人每个月都要经历情绪和基本生理状态的巨大变化，但她们仍然知道自己是谁。她们能够理解自己的复杂性。也许她们了解自己有好几个互相重叠的自我，在不同的时刻有不同的自我。

在选择是否服药的时候，其实你是在决定自己想成为哪一种人。是谁在做出决定呢？内心深处一些坚定的部分在见证着这一切。你对自己内心这一部分的认识，会出现前所未有的增强。你会仔细考虑自己将成为什么样的人，比以前更自由地做出选择。

对高度敏感者来说，生活是一段令人兴奋的时光。也许翻开这本书的时候，你甚至不知道自己是个什么样的人。现在，当你对医生描述自己的敏感特质时，就这种特质的潜在生理迹象进行试验时（或者拒绝），你已经成为这方面的先驱之一了。所以，即使我们时不时进入稍微过激的状态，又有什么大不了的呢？确保自己处于控制之下，然后就可以继续享受人生。

实际应用
如果有一种安全的药丸可以改变性格特征，你想改变什么？

这种练习不适用于当你处于病情危险期、感到抑郁、想要自杀时！

拿出一张纸，在中间划一条竖线。假设有一种安全的药丸可以改变性格，在左边列出你想要消除的所有与敏感特质有关的个性，即使只是稍微相关。你可以借此机会彻底体会一下高度敏感者的各种缺点多么令人烦恼。同样也可以借此机会来想象一下这种改变个性的完美药丸。

针对你在左边写下的每一条内容，在右边写下这种神奇药丸消除了敏感性的负面影响：你的生活中会随之失去什么。就像所有的药物一样，这种药丸也无法使你身上同时存在互相矛盾的两方面。

举个和敏感无关的例子来说：左边有一项是"顽固"，但如果这个缺点消失了，你可能也会就此失去"坚持不懈"的优点，把这个词写在右边。

根据你希望摆脱这种缺点的想法有多么强烈，给左边的每一项打分为1、2、3（3表示愿望最强）。右边则根据你保留这种优点的愿望有多么强烈来打分。如果左边的分数要高得多，意味着你可能会继续寻找能够帮助你的药物，或者你仍然很难接受自己。

给支持者的建议

给医疗专业人士的建议

高度敏感者会扩大刺激,他们会注意到一切细节。在其他人只会感到轻微刺激的环境中,他们却会感受到更强烈的自发激发状态。因此,在医疗环境里,他们可能会显得更焦虑,甚至"神经过敏"。

态度急躁或缺乏耐心只会加剧他们的心理激发状态。而增加压力肯定无助于和你沟通,也无助于痊愈。高度敏感者一般都非常认真,只要可能的话,会尽力合作。

问一问高度敏感者,需要你怎样帮助他们保持平静——是保持沉默,还是通过交谈分散注意力;是否需要告诉他们每一个治疗步骤;是否需要服用药物。

利用高度敏感者敏锐的直觉和身体意识——如果你注意倾听,患者会告诉你很多重要信息。

任何人处于激发状态时,都无法很好地倾听或沟通。鼓励高度敏感者带个同伴一起来,帮助沟通,或者在就医前准备一个写下问题和症状的记录,同时也用于记下医嘱,他们在就医时可以把这些内容念给你听,事后想起什么问题的话也可以给你打电话(患者不会滥用这个权利的,这样的"第二次机会"也会消除当面就医时的压力)。

高度敏感者承受疼痛的能力较弱,服药时使用"低于临床标准"的剂量才能产生良好效果,药物会带来更多副作用,不要对此感到吃惊或恼火。这属于他们的生理差异，而非心理差异。

敏感特质本身不一定需要服药治疗。童年不幸的高度敏感者确实很容易更加焦虑、抑郁。但已经克服自身问题的高度敏感者或童年幸福的高度敏感者，不存在这种现象。

给教师的建议

与一般学生相比，教育高度敏感的学生需要使用不同的方法。高度敏感者会扩大刺激。这意味着他们会注意到学习环境中的细节，生理上也很容易处于过激状态。

高度敏感者一般都认真勤恳，非常努力。其中很多人都是天才。但处于过激状态下，没有人能表现良好，而高度敏感者比其他人更容易受到过度刺激。被别人观察或者处于压力之下时，他们越是努力，越容易失败，而失败则会使他们受到很大打击。

高度刺激（比如嘈杂的教室）会让高度敏感者比其他人更快地感到心烦意乱、精疲力竭。如果有些高度敏感的学生离开了教室，肯定是很多孩子正非常活跃。

不要过度保护高度敏感的学生，不过在坚持让他们处理难题的时候，要注意保证这是一次成功的经历。

如果学生需要在社交上作出努力，体谅他们的敏感特质。如果学生们要做报告，安排一次彩排，或允许他们看提示条、念讲稿——尽可能减少刺激，确保他们取得成功。

不要认为只是旁观的孩子羞怯或胆小。这种解释可能是完全错误的，但却给他们贴上了这样的标签。

注意社会上对羞怯、安静、内向等特点的偏见。警惕你自己或其他学生是否存在这种偏见。

教学生尊重不同的性格，就像尊重人与人之间的其他差异一样。

关注并鼓励高度敏感者的典型特征，富有创造性和直觉。帮助他们学会忍耐集体生活，建立起在同伴中的社会地位，不妨试试戏剧表演，或朗诵能够感动他们的作品。你也可以把他们的作品公开朗读给全班听。不过小心不要让他们感到尴尬。

给雇主的建议

高度敏感者一般都非常认真负责、忠实可靠、重视品质、关注细节、具有直觉的洞察力，他们天生就能全面考虑到客户或消费者的需要，对于工作场所的社交气氛也有良好的影响。简而言之，他们是理想的雇员，任何机构都需要这样的人。

高度敏感者会扩大刺激。这意味着他们会注意细节，但也很容易受到过度刺激。因此，额外的刺激越少，他们工作得越好。他们需要安静，以保持心情平静。

在其他人出于评估的目的观察他们时，高度敏感者往往无法正常发挥。你需要通过其他方式来确定他们的工作情况。

高度敏感者在休息时间或下班后的社交活动较少，因为他们需要用这段时间独自分析一天的经历。这会使他们在机构中不怎么受人注意，人际关系网有限。你在评价他们的表现时，需要把这一点考虑在内。

高度敏感者不喜欢积极的自我推销，而是希望能够通过诚实苦干来获得注意。不要因此忽视了一位有价值的雇员。

在不利于健康的工作环境下，高度敏感者可能会首先受到影响，以至于他们看上去像是麻烦的来源。但其他人迟早也会受到影响，从而他们的敏感性可以帮助你提前采取措施，避免日后的麻烦。

作者补记：
高度敏感者研究的科学背景

1998年，本书第一次出版三年后，我写了一篇新的前言，题为"庆祝"。我们所有人都感到很高兴，有这么多的人发现自己属于高度敏感者，同时也认为这本书很有用，而且科学世界中也开始慢慢接受这一理念。现在我们可以再多庆祝15次了。《天生敏感》已被翻译为14种语言，包括瑞典语、西班牙语、韩语、希伯来语、法语和匈牙利语等。全世界很多知名媒体上都出现了关于高度敏感者的文章。在美国，主要包括《今日心理学》上的一篇文章和《时代》上稍短的讨论，还有很多女性和健康杂志，如《奥普拉杂志》，以及大量的健康网站上都刊登了这方面的内容。在美国和欧洲出现了针对这方面的"高度敏感者聚会"以及相关课程，还有YouTube视频、书籍、杂志、时事通讯、网站，以及各种各样专门针对高度敏感者的服务——其中大部分都很不错，当然，也包括一些不怎么样的。已经有成千上万的人在hsperson.com上订阅了我的通讯《舒适地带》（Comfort Zone），现在已经有几百篇通讯文章，覆盖了高度敏感的每一个方面。我们已经走过了漫长的道路。

三次修改，就在这里

这本书是在一场小革命刚刚开始的时候写就的，我以前就觉得应该做一些修改。但全面浏览过一遍之后，我又觉得并没有很多可以修改的地方。这本书已经很不错了，只有三个地方例外。其中最重要的是，我希望进一步加强科学研究。这是至关重要的，因为这能够帮助我们所有的人相信这种特质是真实存在的，这本书里所写的内容是真实有用的。这篇补记就是要在研究方面进行更新。

其次，现在对于这种敏感特质有一个简单全面的描述"DOES"，很好地表现出其中各个方面。D是指深入处理。我们的基本特征就是，我们会在采取行动之前观察、思考。我们对一切事物都进行着更详细的处理，无论我们自己有没有意识到这一点。O是指易于受到过度刺激，因为如果你对于一切事物都投入更多的注意力，你会很快变得筋疲力尽。E强调了我们的情感反应，很容易与其他事物产生共鸣，这可以帮助我们察觉细节、学习知识。S则是对于我们周围所有的细微之处十分敏感。在讨论科学研究的过程中，我会进一步谈到这四个方面。

最后，现在需要注意一个小问题——本书中讨论了抗抑郁药，主要是百忧解。自1996年以来，治疗抑郁症的药物变得越来越多，有优点也有缺点。它们是否会对身体其他部位带来损害？对于大多数人来说，这是否只是安慰剂而已，给他们糖丸的话也一样能使他们感觉良好？但它们也确实拯救了许多曾经自杀的人，这又怎么说？如果人们不再感到抑郁，是否也能改善他们周围其他人的生活？各方的争论至今仍然存在，也都有值得理解的地方。值得庆幸的是，现在我们可以在互联网上找到这一切（不过要坚持只读科研方面的文章，跳过那些恐怖故事，无论是哪一种观点的）。所以我的基本建议仍然不变：充分了解一切信息，然后自己做出决定。最好能在你真正陷入抑郁之前就确定自己的想法，因为在特定情况下，高度敏感者天生更容易患上抑郁症，当你自己深陷其中的时候，很难做出决定。

在这里，如果你对关于敏感性的科学研究不感兴趣，你可以停

作者补记：高度敏感者研究的科学背景

止阅读或只是稍微浏览一下。也许你能直觉地或者"从内心中"理解这种敏感特质，不需要依靠智力思考。不过，我想你有时候会发现，当你声称自己属于高度敏感者时，不得不面对别人的怀疑甚至敌意，你也许愿意看看科学研究结果提供的一些支持，在这种时候能够帮助你应对。

1996年以来的科学研究

科学研究不但已经验证了本书中的很多内容（其中一部分当时仅仅是基于我的观察），其中的发现甚至远远超出了当我写下这篇文章时我们所了解的范畴。我希望能够保留其中有趣的地方，同时也保留足够的细节，以满足真正想了解这方面的人们的需求。你可以通过阅读文章，了解完整的研究方法和结果。我在2012年公布了对于相关理论和研究一个很好的总结，在 www.hsperson.com 上可以找到各项研究的最新列表。"感官处理敏感性"是我赋予这种特质的科学名称（与感官处理障碍或感觉统合失调这些名称类似的症状完全不同）。我要补充一点，也有其他研究人员正在研究一些与敏感性很相似的概念。如果你对这些方面感兴趣，可以查找一下这类术语，如生物对环境的敏感性（托马斯·博伊斯、布鲁斯·埃利斯等）、不同的易感性（杰伊·贝尔斯基、迈克尔·普吕斯等）、定向敏感性（D·埃文斯、玛丽·罗特巴特等），你会找到《天生敏感》一书面世后完成的更多研究。

最初的研究

首次公布的研究中，我们（我和我的丈夫，他非常擅长设计研究方案）认识了本书中的高度敏感者群体。这项研究也意在表明，高度敏感与内向或"神经过敏症"（专业术语，具有压抑或过度焦虑的倾向）是不一样的。我们是正确的，这种敏感特质是完全不同的。但它与神经过敏症紧密联系在一起。对于原因，我有一种预感，而我们2005年公布的第二个系列的研究证实了这一点：童年不幸的高度敏感者与经历过类似童年的非敏感者相比，变得抑郁、焦虑、害羞的风险更大；但童年过得还不错的高度敏感者，并不比其他人具有更大的风险；还有一些迹象表明（证据一直在增加），他们也许会比非敏感者更健康、更幸福一点。米莉安·里斯等人随后的研究发现了同样的结果，主要针对抑郁方面。请记住，这是"一般而言"，一些童年幸福的敏感者仍然可能变得抑郁，而一些童年不幸的敏感者却不会这样。此外，除了童年问题之外，还有很多其他问题也会对我们产生影响。一个人生活中的压力水平肯定是一个重要因素。

敏感特质与童年环境之间的互相作用，解释了我们在第一项研究中发现的，高度敏感者与神经质或负面情绪之间相对强烈的互相联系。高度敏感者群体的问题，大约有一半涉及负面情绪——"我不舒服……""我感到慌乱……""我很恼火……"等等。很多高度敏感者都有着不幸的童年，原因在于没有人了解他们这种与生俱来的个性特征，他们因此而产生持续的负面情绪，也许会导致他们在那些令所有敏感的人都或多或少感到烦恼的状况中，变得更加不适、激动得不知所措、十分恼怒。于是进一步扩大了高度敏感和神经质之间的重叠部分，虽然这与敏感特质本身毫无关系。我们现在研究这个群体时，会通过各种各样的方式询问人们一般感觉到多少负面情绪，并从统计学角度加以考虑。

不幸的是，针对高度敏感与诸如焦虑、压力过大、沟通恐惧症等问题之间关联的不少临床研究，并没有考虑到"成长过程"的作用，以至于仿佛所有的高度敏感者都存在这些问题。因此，我在这里不会描述这类研究。

血清素和高度敏感者

高度敏感者的童年,无论是好是坏,都会对他们产生额外影响,这一发现为我在本书中关于医生和药物一章中的说法增加了一个很好的注脚。我引用了斯蒂芬·索米的一项研究,针对的是少数天生具有某种特质的恒河猴,这种特质最初被称为"紧张",因为它们在充满压力的环境中长大,受到了更多的影响。它们不仅表现得更为抑郁、焦虑,而且就像抑郁的人类一样,他们的大脑中的血清素更少,这是一种抗抑郁成分。血清素是一种化学物质,存在于大脑中的至少17个部位,用来传递信息。研究结果表明,这些脆弱的猴子存在遗传变异,导致血清素含量较低,而压力进一步降低了血清素水平。敏感的人类存在着相同的遗传变异。有趣的是,这种差异性只在两种灵长类动物中发现,人类和恒河猴,两者都高度社会化,能够适应各种各样的环境。也许群体中高度敏感的成员能够更好地注意到细微之处,比如哪些新的食物可以放心食用、需要避开哪些危险,这使他们在一个新的地方能够生活得更好。

我们所有人身上都存在着很多很多的遗传变异——例如,头发、眼睛、皮肤的颜色,或者特殊能力、特定的恐惧症。有些遗传变异似乎作用不大,另一些是否有用处(甚至反而成为弱点)主要取决于环境。如果你生活的地区有许多毒蛇,同时你对蛇有一种天生的恐惧,这也许是一项优点,但如果你想成为一名科学教师,这反而会变成一个问题。

无论如何,自从我写下这本书、描述了那些猴子之后,西西莉亚·利希特等人在丹麦进行的一些研究表明,高度敏感者也具有相同的遗传变异。多年以来,人们的研究只寻找这方面与抑郁症之间的关联,并且结果高度不一致,也许是因为某些研究中,无意中选择了太多童年幸福的敏感者作为研究对象，观察他们表现出的抑郁问题。很多人明明应该具有逐渐发展的缺点，应该具有"抑郁"的趋势，但实际上却并没有出现这样的问题，这其中肯定存在着某些积极的原因。如今新的研究表明，这种基因变异导致大脑中可用的血清素含量较低，会带来一定的益处，比如增强对学习资料的记忆力、具有更好的决策能力，以及整体上更健康的心理机能，而且与生活经历正面的人相比，还有着更积极的心理。在具有同样的遗传变异的恒河猴身上，也发现同样的心理益处。高度敏感者们已经厌倦了被视为弱者或病人，也许最好的平反是索米一项研究中的发现，具有敏感特质的恒河猴，如果由经验丰富的母猴抚养长大，更容易表现出"发育早熟"，能够抵抗压力，并成为它们的社会群体中的领导者。

同样，其他人所做的越来越多的研究表明，有些人特别敏感，因此更容易受到周围环境的影响——例如，在儿童时期，他们受到父母、老师，以及各种干预的影响更大。我们身上怎样的基本特质，导致了这种"变得更好或变得更糟"的结果？

是什么使我们如此与众不同？

正如我在这本书中写道，许多物种，其中有少数个体是高度敏感的——迄今我们已知的超过 100 种，包括果蝇和某些鱼类。虽然敏感特质显然会引起不同的行为，取决于你是果蝇、鱼、鸟、狗、鹿、猴，还是人类，但对于这些少数群体有着一种普遍的描述，这类个体天生会采取这样一种生存策略：在选择行动前首先暂停检查、观察、深入思考处理注意到的情况。但行动缓慢并不是敏感特质的标志。敏感的个体能够立即看清自己所处的状况与以前相比有何区别，因为他们会全面反思过去的经历，从中汲取经验教训，因此，

作者补记：高度敏感者研究的科学背景

他们能够比其他个体更快地对危险或机会做出反应。因此，这种敏感特质最基本的方面——深入思考处理——难以观察到。如果不了解这一点的话，有人在行动之前暂停下来进行思考时，其他人只能猜测这个人心里在想什么。人们往往认为高度敏感者是拘谨、羞怯、胆小、内向的（事实上，30%的高度敏感者其实是外向的，而很多内向的人并不是高度敏感者）。有些高度敏感者接受了这些标签，没有对自己的犹豫做出解释。事实上，就像我在第5章中提到的，我们有些人感觉自己异常、具有缺陷，于是社会给我们贴上的羞怯、胆小等标签，最终会变成事实。而另一些人知道他们是与众不同的，但他们会把这一点隐藏起来，适应社会，表现得就像大多数不敏感的人一样。

如果能了解我们为什么会发展出这种特质，我们也就能更加了解自己，我在撰写这本书时，认识得还很不够。当时，我认为我们之所以会发展出敏感性，是因为这种特质能够为更广泛的群体做出贡献，敏感的人能够感觉到其他人不会注意的危险或机会，而其他人所做的贡献则是在受到警告时采取行动。这也许有一部分是正确的，但更可能只是这种特质的一个副作用。目前最好的解释来自荷兰生物学家建立的一个计算机模型。马科斯·沃尔夫和他的同事们对于敏感性是如何发展出来的感到好奇，于是他们使用计算机程序建立起一个环境，排除所有其他因素，然后一次只列出几件事情的不同发展方式，看看会发生什么情况，他们运行程序模拟各种可能出现的情况和策略，希望了解高度敏感是否属于一种成功的特质，会在人类群体中一直保留下去（如果一种特质会使我们在生活中失败，那就不可能延续很长时间）。

研究者通过设置不同的场景，对敏感的策略进行测试，一个对一切事物都更加敏感的人，会从场景A中学到多少经验教训，然后依靠这些资料在场景B中取得更大的成功（他们也设置了场景B中的成功所带来的不同好处)。另一种极端情况是,场景 A 中的敏感对场景 B 毫无帮助,因为这两个场景彼此毫无关系。问题在于,如果一种类型的人会从过去的经验中学习策略,而另一种不会,在怎样的情况下你会看到两种类型的人发展有何区别?结果表明,这种区别只会带来微弱的益处,这就解释了为什么这两种类型的人都存在于真实的人类中。

你可能会认为敏感性始终都是一个优势,但很多时候其实并不是。事实上,只有当一个人属于少数群体时,敏感性才能带来益处。如果每个人都是敏感的,那就不存在优势了,就好像所有人都知道的一条捷径,很多人能够利用的信息,这样就没有人能够从中获得优势。总之,敏感性,或者有些生物学家所称的反应性,也就是比其他人更加关注细节,然后利用这些资料在未来做出更好的预测。有时候这样做能使你脱颖而出,有时候也只是浪费精力。

正如你知道的,敏感性确实有其代价。如果现在所发生的事情与你过去的经验毫无关系,这种特质确实会浪费精力。此外,如果过去的经验非常糟糕,高度敏感者可能以偏概全,在太多的情况下会逃避或感到焦虑,仅仅因为新的环境与过去的糟糕经历有一点点类似。但我们的高度敏感性最大的代价是,我们的神经系统可能会不堪重负。每个人能够接受的信息或刺激都有一个极限,否则就会不堪重负、受到过度刺激、处于过激状态、被压力压垮,或者彻底崩溃!我们只是会比其他人更早达到临界状态。幸运的是,只要我们能够得到休息的时间,就能很好地恢复。

这确实是我们的基因决定的

当我撰写这本书时,就说过敏感性是与生俱来的。我知道在刚出生的婴儿和动物身上都发现了这种特质,动物身上的遗传学特征

作者补记：高度敏感者研究的科学背景

已经得到确认，而且还可以选择性地繁殖更加敏感的动物。但当时还没有基于这一主张针对高度敏感者群体进行的遗传学研究。但现在已经出现了。我曾经提到过的一项研究发现，考试分数与一种会对大脑中血清素可用性产生影响的基因变异有关。陈和他的同事们在中国采取了另一种不同的研究方式。他们不是寻找某种已知其性能的特定基因，而是研究了会影响大脑中多巴胺含量的所有基因变异（共98种），多巴胺是大脑中特定区域传递信息所必需的另一种化学物质。他们发现，高度敏感者群体涉及七种不同的多巴胺控制基因中十种基因变异。虽然所有人都同意，我们的很多性格都是遗传而来的，但当研究人员们针对标准的个性特征（如内向、认真、随和）进行研究时，还不曾发现与此密切相关的基因。中国的研究人员改为研究高度敏感性，他们相信这种特质"更深入地植根于神经系统中"。

有意思的是，遗传变异的组合能够预测这种特质，但这些变异的功能大部分还是未知的，因此，影响个性特征的基因非常复杂。此外，出于某些原因，遗传学研究中一项众所周知的困难是，就算使用相同的方法，也很难再次得到相同的结果；我们肯定还需要看到更多的相关研究。但无论如何，我现在更加确信敏感属于一种遗传特质。

我们确实是与众不同的存在

虽然我在本书中写道，一般来说你要么是高度敏感者，要么不是，但我没有直接证据来证明这一点。我之所以做出这样的假定，是因为哈佛大学的杰罗姆·卡根发现，儿童身上的拘谨特质具有这种特点，拘谨似乎是对敏感性的错误形容，这项研究是基于有些孩子并不急于进入一个充满了陌生玩具的复杂房间，而是首先暂停下来观察一下。但许多科学家认为，敏感性更类似于身高，大多数人处于中间地带。在德国比勒费尔德大学的博士论文中，弗兰齐斯卡·伯瑞斯做了一项特定统计分析，针对超过 900 人的高度敏感者群体进行了一项研究，区分类别和维度。她发现，高度敏感性确实是一个类别，而不是一个维度。就大多数人而言，你要么是，要么不是。

在任何给定群体中，很难了解高度敏感者所占的确切比例，因为总是有各种各样的原因，导致这个比例多于或少于 15%～20%。此外，许多因素会影响一个人的得分，所以有些人的分数会处于中间地带。例如，有些人对一切事情的评价都比别人低，或者他们在那一天刚好注意力分散了，诸如此类。此外，男性往往得分较低，虽然我们知道，有同样多的男性天生具有敏感特质。不知为何，这项测试对男性的影响似乎有所区别。尽管如此，大多数人并不处于中间位置，而是要么具有敏感特质，要么没有敏感特质。

使用 DOES 来描述

当我在 2011 年撰写《心理治疗和高度敏感者》时（为了帮助心理治疗专家更好地了解我们，认识到我们的特质并不是一种疾病或缺陷），我创造了这个缩写，帮助心理治疗专家评估这种特质。我很喜欢使用这个缩写来描述我们自己，以及关于我们的研究。

D 是指深入处理（Depth of Processing）

高度敏感这种特质的基础就在于更深入地处理信息。如果给出一个电话号码，而人们没有办法写下来，他们可能会试着在大脑中以某种方式处理这条信息，以便记住它，比如多次重复、思考数字的模式或含义、注意到与其他数字的相似之处。如果不通过某种方式来分析处理的话，你知道自己肯定会把它忘掉的。而高度敏感者会更多地分析处理一切事物，把他们所注意到的一切，与过去的经

作者补记：高度敏感者研究的科学背景

验中其他类似事物互相关联、比较。无论他们自己是否意识到这一点，他们一直都在这样做。当我们做出一项决定，却不知道自己为何要如此决定时，我们把这称之为直觉，高度敏感者具有良好的（但并非万无一失！）直觉。如果你有意识地做出决定，你可能会注意到自己要比其他人慢一点，因为你要仔细考虑所有可能的选项。这也属于深入处理。

在研究中让敏感者和不敏感者执行各种感知相关任务，比较他们的大脑活跃程度，进一步支持了敏感特质深入处理的特点。婕琪亚·贾吉洛维兹进行的研究发现，高度敏感者使用的大脑部位，与"更深入"的信息分析处理有关，尤其是涉及关注细微之处的任务时。我们自己和其他人进行的另一项研究中，敏感的人和不敏感的人面对的感知相关任务，预先已知道根据其文化程度是很困难的（需要大脑更加活跃或努力）。不敏感的人表现出一般常见的困难，但高度敏感的研究对象的大脑显然并没有遇到这样的困难，无论他们的文化程度如何。就好像他们可以自然而然地超越自身的文化水平，看到事物的"真实面貌"。

比安卡·艾科韦杜和她的同事进行的研究显示，高度敏感者的大脑中，一个名为脑岛的区域要比其他人更加活跃，大脑中的这一部分负责在每时每刻整合内心状态、情感、身体位置、外部事件的知识。有些人把这称为意识活动的所在地。如果我们更加了解内部和外部正在发生着什么，这正是我们所期待的结果。

O 是指过度刺激（Overstimulation）

如果你要注意到一个环境中每一件小事，而环境复杂（需要记住很多东西）、激烈（嘈杂、混乱等），或持续太久（两个小时的上下班时间），很明显，有这么多需要处理的事情，你很快就会筋疲力尽。而其他人并不会像你一样注意到那么多的事情，或者一点都没有注意到，他们不会那么快地感到疲劳。他们甚至可能会觉得很奇怪，白天一整天的观光游览之后，晚上再去夜总会为什么会使你感到受不了。他们会愉快地交谈，而你需要他们安静一会儿，这样你才能有一些思考的时间，他们会在一个"充满活力"的餐馆或聚会中享受乐趣，而你几乎无法忍受那些噪音。事实上，这往往是我们和其他人最可能注意到的行为——高度敏感者很容易受到过度刺激（包括社交刺激）的压力，或者已经汲取教训，会更多地避开激烈的环境。

德国的弗里德里克·盖尔斯滕贝格最近进行的一项研究，通过一项任务比较了敏感的人和不敏感的人，计算机屏幕上以各种各样的方式呈现出大量的 L 字母，寻找其中是否以各种方式隐藏着一个 T 字母。高度敏感者做得更快、更准确，完成任务后也比别人显示出更多的压力。这是否是因为实验中在感知方面的努力或情绪影响？无论是出于什么原因，他们会感受到压力。正如我们知道金属片过载时会显示出应力，我们自己也是一样。

然而，高度敏感并非像有些人认为的那样，主要会因为高度刺激而感到痛苦，虽然如果我们面对着太多的事情，会自然而然发生这种情况。我们要小心，不要把高度敏感者和一些问题状况混合起来：不舒服的感觉本身可能是感官失调的迹象，是因为感官处理存在问题，而不是因为感官处理非常优秀。例如，患有自闭系列症障碍的人有时会抱怨感官超负荷，而在另一些时候则缺乏反应。他们的问题似乎在于，难以认识到注意力应该集中在哪里，哪些事物应该予以忽略。和别人说话时，他们也许觉得对方的面孔并不比地板上的图案或在房间里灯泡的类型更重要。当然，他们也会强烈地抱怨刺激令人无法承受。也许他们甚至更能体会到各种细节，但在社交场合，他们往往会更加注意一些无关紧要的东西，而高度敏感者则更关注人们细微的面部表情，至少在没有处于过激状态的情况下是这样。

作者补记：高度敏感者研究的科学背景

E 是指情感反应（Emotional Reactivity）

调查和实验得到的数据中发现的一些证据表明，高度敏感者对正面的和负面的感受都会产生更强烈的反应，但婕琪亚·贾吉洛维兹所做的一系列研究发现，与非高度敏感者相比，高度敏感者对于具有"正面评价"的图片尤其会做出更强烈的反应。如果他们有着幸福的童年，这一点尤其明显。她针对大脑进行的研究发现，对于正面图片的这种反应，不仅出现在与初次体验强烈情感相关联的区域，也出现在"更高层次"的思考和感知区域，有些区域正是大脑研究中发现的深层处理的区域。如果幸福的童年再加上迈克尔·普吕斯和杰伊·贝尔斯基的一个新概念"优势敏感性"，还会进一步促进这种对于正面图片的强烈反应，他们创造出这个新概念来强调敏感人群有一种特殊的潜力，能够获益于正面的环境和干预措施。

情感同样也意味着产生共鸣、感同身受。在比安卡·阿塞韦多进行的另一项研究中，让敏感的人和不敏感的人看着陌生人和爱人的照片，照片上分别表达出快乐、悲伤或中立的感觉。在任何一种情况下，只要照片中出现情感，敏感的人脑岛中就会出现更明显的活动迹象，镜像神经元系统也会变得更加活跃，尤其是看着爱人幸福的笑脸时。人们最近二十年左右才发现了大脑的镜像神经元。当我们看着别人的行为或感受时，这组神经元会产生与我们所观察的人大脑中的神经元同样的兴奋方式。举例来说，无论是我们自己踢足球、看别人踢足球、听到别人踢球的声音、听到或说出"踢球"这个词，同样的神经元会在不同程度上兴奋起来。这些令人惊叹的神经元不仅帮助我们通过模仿来学习知识，也与高度敏感者尤其活跃的大脑中其他区域相结合，帮助我们了解别人的意图以及感受。也就是说，主要负责人类产生共鸣、感同身受的能力。我们不只是知道别人感觉如何，也会在一定程度上实际体会到这些感觉。敏感的人对这种情况是非常熟悉的。任何一张悲伤的面孔，会使高度敏感者的镜像神经元与其他人相比产生更强烈的活动。如果看到爱人不开心的照片,敏感的人大脑中不少区域都会表现出更强烈的活动迹象,说明他们想要做些什么事情,赶紧行动起来,表现出活跃的甚至不仅仅是涉及感同身受的区域(也许我们学会了冷却自己强烈的共鸣感受,以真正提供帮助)。但总体而言,如果看到表现出任何类型的强烈情感的人脸照片,与非高度敏感者相比,高度敏感者代表着感同身受的大脑活动更强烈。

有一种普遍的误解,认为情感会导致我们以不合逻辑的方式思考。但心理学家罗伊·鲍迈斯特及其同事评论了最近的科学见解,把情感放在智慧的中心。其中一个原因是,大多数情感是在事件发生后产生的,显然会帮助我们记住发生了什么事,并从中汲取经验教训。我们越是对错误感到不安,越是会仔细思考,下一次就能够避免这种情况。我们越是对成功感到高兴,就会越多地思考和谈论这件事,以及我们是怎样做的,于是我们更有可能重复成功。

鲍迈斯特讨论的另一项研究,探索了情感对于清晰思路的贡献。他发现,除非人们是基于情感的原因学习某件事情,否则他们就不可能学得很好。这就是为什么在当地更容易学好一门外语——为了不迷路,能交流,不要显得很傻,我们会发挥高度主动性。从这个角度来看,如果没有强烈的情感反应激励他们,高度敏感者几乎不可能深入处理事物。请记住,当高度敏感者做出更强烈的反应时,会带有同样多的、甚至更多的积极情绪,如好奇心、对成功的期待(使用别人不知道的捷径)、愉快的愿望、满意、快乐、知足。也许每个人都会对负面环境做出强烈反应,但高度敏感者已经进化了,我们更加享受好的结果,会比别人更加努力促进这种情况的出现。我想,我们可以计划一个很棒的生日庆祝会,期待其中会带来的快乐。

S 是指感知到细节(Sensing the Subtle)

大多数研究已经提到了需要察觉的细节。最明显地体现在其他人忽略了而我们会注意到的个人小事。鉴于此，而且也因为我把这种特质称之为高度敏感性，许多人认为，这一点就是这种特质的核心。（为了纠正这种混淆，并强调处理的作用，我们使用"感官处理敏感性"作为更正规、更科学的名称。）然而，这种特质并不是主要涉及非凡的感官——毕竟有些敏感的人视力或听力很糟糕。诚然，有些敏感的人声称自己的一种或多种感官非常敏锐，但即使在这些情况下，这很可能是因为他们会更仔细地处理感官信息，而非他们的眼睛、鼻子、皮肤、味蕾或耳朵有何不寻常之处。当敏感的人对感官信息进行更复杂的处理过程时，大脑中更活跃的区域，并不是识别出拼音字母的形状或读出这个单词的区域，而是捕捉到这个词语的微妙含义的区域。

我们感知到的细节，从无数个方面来说都是很有用的，从生活中简单的快乐，到基于对其他人非语言信号的感觉（他们可能并不知道自己给出了这些信号）来组织自己的反应。当然，另一方面，当我们筋疲力尽时，我们也许根本感知不到任何事物，无论是细微还是严重的，这说明我们自己需要休息。这是非常重要的一点。

每一位高度敏感者都是不同的，而且在不同的时间也有所不同。

DOES 是个很棒的用于理解高度敏感者的一般准则，但也并不是绝对不会出错。根据我们的感觉，我们对行为的反应以及对细节的关注，甚至可能还不如周围的非高度敏感者。我们每个人也都是彼此不同的。人们还有其他的各种特质，有着不同的生活经历，我们都是不同的人。在把我们自己视为一个群体的热情中——即使是作为被误解的少数人群——不能忘记，我们从任何角度看都不是完全相同的。特别是，我们并非全都是、并非始终都是感觉细腻的人、认真勤恳的人、很棒的人！

O 是指容易受到过度刺激。因为噪音或他人令人心烦的粗鲁行为，使两个敏感的人感到困扰时，他们表现出的行为可能完全不同。有的人也许很少抱怨，或者几乎不会看到他们被这类事情困扰，因为他们会回避或悄悄离开这种环境。例如，如果一份工作伴随着噪音、粗鲁或其他烦恼，他们不会接受这样的工作。如果这类高度敏感者无法逃避问题，他们会安静地忍耐，直到这种状况得到纠正。另一些高度敏感者（一般有着充满压力的过去），会产生更强烈的受害感和不安感，同时也不善于让自己处于正确的环境中、避开错误的环境。也许他们觉得自己必须取悦别人，或证明某些事情。在工作场所，他们可能直到出现危机之前都不会辞职，于是在那里工作的每个人都知道他们"过于"敏感。

在印度一家信息技术公司，布哈维尼·什里瓦斯塔瓦针对高度敏感者进行的一项研究发现，工作环境会使高度敏感者比其他人感受到更多的压力，但在他们的上司看来，他们实际上比其他人更富有成效。如果我们假设，有些高度敏感者因为表现出受压力影响而已经辞职或者被解雇，那么剩下的高度敏感者（年纪更大，资历更深）显然已经悄悄地适应了，也许得到了上司的特别关照，也为公司贡献了自己对于各种细节的深入认识和分析处理。从而我们看到了两种（或更多种）类型的高度敏感者——能够处理好的，以及无法处理好的，这是由他们个性中的其他方面决定的。或者在另一个例子中，有两种（或更多种）类型的环境——在有一点压力的环境中，高度敏感者似乎会像坚强的人一样，找到适应的办法，而在令人绝望的压力环境中，他们无法适应，令人感觉能力很差。

最后的思考

对我来说，研究高度敏感性是一段惊人的旅程。最初只是出于纯粹的好奇心，因为别人是这样形容我的。我找到一些认为自己可

作者补记：高度敏感者研究的科学背景

能是高度敏感者的人进行了采访，只是为了了解一下这种特质，并没有进一步的研究计划，也完全没有打算为大众写一本书。然后，用一种我很喜欢的说法就是，我发现自己走在街上，身后开始形成游行的队伍，参加游行的人都是高度敏感者，而他们以前从未听说过这个术语。人们一遍又一遍地问我："你是怎么发现一种新的特质的？"答案是，敏感性并不是什么新的东西，只是很难通过注意人们的行为观察到，这一般属于心理学的方向。因此，心理学家和一般大众提出了一些很接近但并不完全符合的名称，比如羞怯和内向。我们尤其很难让别人来观察自己的特质，因为我们对环境如此敏感，就像变色龙一样，当周围有其他人存在时，我们的行为会尽量融入群体。我所处的位置，恰好既是一名好奇的科学家，又是一名高度敏感者，我内心能够了解这种感受。但就像我在最初的序言中所说的，即使我专注于自己的敏感性，也需要别人首先评论我身上的这种特质，我对医疗程序出现了"过度"反应。

如果人们注意到我们，我们所做的最明显的事情，就是与其他人相比会"过度"反应——O 是指过度刺激，E 是指更强烈的情感反应。但我们是一个少数群体，我们的反应肯定超出了平均水平，与大多数人不同。更显而易见的 O 和 E，会使我们自己和其他人都感觉，我们身上存在着某种缺陷。此外，如果高度敏感者过去曾经有过不幸的经历，他们控制自身反应的能力较差，从而会使敏感特质与陷入困境的人联系起来。我们所做的能够观察到的事情中，几乎没有几件能够表现出 D 和 S，即深入处理和感知细节，这些方面很容易被人忽视或误解。例如，如果人们看到了我们在进入某种环境或做出决定时，总是耐心地从容进行，这似乎又一次显得异常、具有潜在的问题，从而也是一种缺陷。而最终做出决定时，很容易忽略这些决定有多么优秀。此外，这种行为缓慢的特点，也可能是敏感性之外的许多方面引起的，比如恐惧，甚至智商偏低。把高度敏感的少数群体和其他人最明确地区分开来的,是我们内心世界中看不到的想法。谢天谢地,通过一些新的方式进行的大脑研究中,也表现出这些差异,你们所有人都会走上前来说,没错,我的内心世界就是这样。

所以,让我们庆祝吧!也许可以来一次游行!